第一次學三十六計

張弓◎主編

好讀出版

前　言

　　《三十六計》集歷代「韜略」、「詭道」之大成，被兵家廣爲援用，素有兵法、謀略奇書之稱。不少計名、語彙婦孺皆知，吟誦如流，可見此書生命力的雄勃，是中國乃至世界文化的瑰寶。

　　自《孫子兵法》以來，兵書選出，蔚爲大觀，見於記載者多達三千餘種，保存至今者也在千種以上，而《三十六計》雄踞榜首。其用途之廣涉及社會、軍事、人生的各個層面，即使《孫子兵法》在這一點上也難以企及。

　　原書廣引《易經》語辭，或以《易經》爲依據。《易經》對古代軍事家孫武、韓信等都有深刻的影響。《三十六計》正是在前人基礎上，進一步研究《易經》中的陰陽變化，推演出兵法的剛柔、奇正、攻防、彼己、主客、勞逸等對立關係的互相轉化，使每一計都展現出極強的哲理。全書三十六計，引用《易經》二十七處，涉及六十四卦中的二十二卦。這是薄薄一本《三十六計》含納天下萬般變化，啓迪世人無窮智慧而綿延深長的原因。

　　古代兵書大多文辭深奧，難於曉讀運用，《三十六計》則含英咀華，將中國古代的軍事、謀略思想，提綱挈領概括爲三十六計，且計名多用

成語，形象生動，爲世人所喜聞樂見。它並不重在理論闡述，而是將古代軍事理論精華化爲克敵制勝的計謀，每計均有明確的目的和實用價值，堪稱中國古代智謀書中令人嘆爲觀止的普及書。

該書成書在明、清之際，作者很可能是一位深諳兵法、悉通《易經》、滿腹經綸的失意文人，其姓名尙無確考，但其獨特貢獻功不可沒。

全書每計由《計名探源》、《原書解語》、《用計例說》、《原書按語》四部份組成。《計名探源》以精練的筆法、精美的圖片、精確的詮釋，明確指出該計的歷史淵源；《原書解語》則深入剖析該計的高妙策略；《用計例說》精選千百年來精彩的案例，洞悉戰場取勝的心訣；《原書按語》則引伸並揭示克敵制勝的不二法門。

全書不但深刻地傳達了「三十六計」的精妙之處，而且形式多有創新，並精選了一千餘幅精美圖片，讓讀者在凝練通俗的文字和準確生動的圖片中品味「用兵如孫子、策謀三十六」的精彩表演，彷彿身臨其境。

 勝戰計

混戰計

勝 戰 計

第 一 計

瞞天過海

唐五牙戰船模型
唐朝海上軍事力量頗爲強大，戰船成
萬上千，此爲當時唐軍的戰船模型。

計名探源

　　事見《永樂大典·薛仁貴征遼事略》。唐貞觀十七年，唐太宗御駕親征，領三十萬大軍以平定東土。一日，大軍浩浩蕩蕩來到大海邊上，唐太宗見眼前白浪排空，茫茫無窮，即向眾將詢問過海之計，眾將面面相覷。忽然一個近居海上之人請求見駕，並聲稱其家已經獨備三十萬過海軍糧。帝大喜，便率百官隨此人來到海邊。只見家家戶戶皆用一彩幕遮圍，分外嚴密。此人東向倒步引帝入室。室內皆是繡幔錦彩，茵褥鋪地。百官入座，宴飲樂甚。不久，風聲四起，波響如

| 原 | 書 | 解 | 語 |

備周則意怠❶，常見則不疑。陰在陽之內，不在陽之對❷。
太陽，太陰❸。

【解語注譯】

❶備周則意怠：防備十分周密，往往容易讓人鬥志鬆懈，削弱戰鬥力。

❷陰在陽之內，不在陽之對：陰陽是中國古代傳統哲學和文化思想的基點，其思想涉及大千宇宙，細塵末埃，並影響到意識形態的一切領域。陰、陽二字早在甲骨文、金文中出現過，但作爲陰氣、陽氣的陰陽學說，最早是由道家始祖楚國人老子所倡導，並非《易經》提出。此計中所講的陰，指機密、隱蔽；陽，指公開、暴露。陰在陽之內，不在陽之對，在兵法上是說秘計往往隱藏於公開的事物裡，而不在公開事物的對立面上，就是說非常公開的東西常常蘊藏著非常機密的東西。

❸太：極、極大。

雷，杯盞傾側，人身動搖，良久不止。太宗驚
警，忙令近臣揭開彩幕察看，不看則已，一看愕
然，滿目一片蒼茫海水，橫無涯際，哪裡是在百
姓家裡作客，大軍竟然已航行於大海之上了！原
來此人由新招壯士薛仁貴扮成，這「瞞天過海」
的計策就是他策劃的。

　　「瞞天過海」用在兵法上，實屬一種示假隱真
的疑兵之計，透過戰略偽裝，以期達到出其不意
的戰鬥效果。

用計例說
⊃飛渡長江　隋軍滅陳
　　西元589年，隋朝將大舉攻打陳國。這陳國是
西元557年陳霸先稱帝新建，定國號為陳，建都城

▲唐太宗像

｜原｜書｜按｜語｜

陰謀作為，不能背於秘處行之。夜半行竊，僻巷殺人，愚俗之
行，非謀士之所為也。

【按語闡釋】

　　這是說「瞞天過海」之謀略絕不可以與「欺上瞞下」、
「掩耳盜鈴」或者諸如夜裡行竊、剝人衣裳、僻處謀命之類等
同，後者絕不是謀略之士所應當做的事情。雖然這二者在某種
程度上都有一定的欺騙性，但其動機、性質、目的是不相同
的，自然不可以混為一談。

　　此計的兵法運用，在於使敵人由於對某些事情習見不疑而
不自覺地產生了疏漏和鬆懈，故能使我方乘虛而示假隱真，隱
蔽某種軍事行動，把握時機，出奇制勝。

於建康，也就是今天的南京。戰前，隋朝將領賀若弼因奉隋文帝之命統領江防，經常組織沿江守備部隊調防。每次調防都命令部隊於歷陽（也就是今天安徽省和縣一帶）集中，還特令三軍集中時，必須大張旗幟，遍支營帳，張揚聲勢，以迷惑陳國。果眞，陳國不辨虛實，起初以爲大軍將至，盡發國中士卒兵馬，準備迎敵而戰。可是不久，又發現是隋軍守備人馬調防，並非出擊，陳國便撤回集結的迎戰部隊。如此五次三番，隋軍調防頻繁，蛛絲馬跡一點不露，陳國也竟然司空見慣，戒備鬆懈。直到隋將賀若弼大軍渡江而來，陳國居然沒有覺察。隋軍如同天兵壓頂，令陳兵猝不及防，隋軍遂一舉拔取陳國的南徐州。

➲孫臏裝瘋　潛回齊國

　　戰國時期，群雄割據，孫臏曾經和龐涓同學兵法。龐涓後來做了魏惠王的將軍，知

孫臏像

道自己本領不及孫臏，便秘密派人將孫臏請至魏國。孫臏到魏國後，龐涓怕他的才能勝過自己，既嫉妒他又仇恨他，就私自用刑削去了他的膝蓋骨，並且刺面塗墨，之後又將他藏起來，不讓別人知道。孫臏爲了逃脫，便生一計：他披頭散髮，滿面污垢，裝瘋賣傻。龐涓對此有疑，便讓人送去酒飯，孫臏將其四處潑灑；龐涓又讓人拿來糞便，孫臏卻食之不拒。就這樣，龐涓確信孫臏瘋了，因而對他的監視也放鬆了。齊國的使者來到魏國，孫臏設法暗地裡見到了齊國的使者，勸說使者，齊使認爲孫臏是奇才，便偷偷地用車把他運到齊國去了。

第二計

圍魏救趙

計名探源

　　事見《史記‧孫子吳起列傳》，是講戰國時期齊國與魏國的桂陵之戰。西元前354年，魏惠王想寬慰丟掉中山的舊恨，便派大將龐涓前去攻打。這中山原本是東周時期魏國北鄰的小國，被魏國收服，後來趙國乘魏國國喪之際將中山強佔了。魏將龐涓認為中山不過是彈丸之地，距離趙國又很近，不如直接攻打趙國都城邯鄲，既解舊恨又一舉兩得。魏王欣然從之，即撥五百戰車給龐涓眾將，直奔趙國，圍攻趙國都城邯鄲。趙王在急難中只好求救於齊國，並許諾解圍後以中山相贈。齊威王應允，令田忌眾將，並起用從魏國救得的孫臏為軍師，領兵出發。這孫臏曾是龐涓的同學，對用兵之法，諳熟精通。魏王用重金將他聘來，當時龐涓也正輔助魏國。龐涓自覺能力不及孫臏，怕孫臏發展得比自己好，遂以臏刑將孫臏致殘，並在他臉上刺字，企圖使孫臏不能行

勝戰計 ▼

13

| 原 | 書 | 解 | 語 |

共敵不如分敵❶，敵陽不如敵陰❷。

【解語注譯】

❶ 共敵不如分敵：共，集中的；分，分散，使分散。句意為攻打集中的敵人，不如設法將其分散而後再個別攻打。

❷ 敵陽不如敵陰：敵，動詞，攻打。句意為打擊氣勢旺盛的敵人，不如打擊氣勢衰落的敵人。

走，又羞於見人。後來孫臏裝瘋，幸得齊使者救助，逃到齊國。這是一段關於龐涓與孫臏的舊事。且說田忌與孫臏率兵進入魏趙交界之地時，田忌想直逼趙都邯鄲，孫臏制止他說，解亂絲結繩，不可以握拳去打；排解爭鬥，不能參與搏擊，平息糾紛要抓住要害，乘虛取勢，雙方因受到制約才能自然分開。現在魏國精兵傾國而出，若直攻魏國，龐涓必回師解救，這樣一來邯鄲之圍定會自解。我們再於龐涓歸路中途伏擊，其軍必敗。田忌依計而行。果然，魏軍離開邯鄲，歸路中又遭伏擊，與齊軍戰於桂陵，魏軍長途跋涉後已疲憊不堪，潰不成軍，龐涓勉強收拾殘部，退回大梁。齊師大勝，趙國之圍遂解。這便是歷史上有名的「圍魏救趙」。之後十三年，齊魏之軍再度交兵，龐涓又遭到孫臏伏擊，自知智窮兵敗，遂自刎。孫臏以此名揚天下，世傳其兵法。

龐涓像

| 原 | 書 | 按 | 語 |

治兵如治水，銳者避其鋒，如導疏；弱者塞其虛，如築堰。故當齊救趙時，孫子謂田忌曰：「夫解雜亂糾紛者不控拳，救鬥者，不搏擊，批亢擣虛，形格勢禁，則自為解耳。」（《史記》卷六五〈孫子吳起列傳〉）

【按語闡釋】

　　對敵作戰，好比治水：敵人勢頭強大，就要躲過衝擊，如用疏導之法分流洪峰；對弱小的敵人，就抓住時機消滅他，就像築堤圍堰，不讓水流走。

　　孫子的比喻十分生動形象：想理順亂絲和結繩，只能用手指慢慢去解開，不能握緊拳頭去捶打；排解搏鬥糾紛，只能動口勸說，不能動手參加。對敵人，應避實就虛，攻其要害，使敵方受到挫折，受到牽制，圍困可以自解。

齊魏馬陵之戰示意圖

用計例說

◈ 李秀成巧計救天京

太平天國後期，由於內訌加劇，大大削弱了太平軍的力量。1860年，清朝派和春率領數十萬大軍進攻太平天國的都城——天京（今江蘇南京）。清軍仗著人馬眾多，層層包圍，使天京成為一座孤城。

為了解救天京，天王洪秀全召集諸王眾將商討對策，但面對如此險惡的形勢，大家一時也想不出什麼好辦法。這時，年輕的將領忠王李秀成為洪秀全獻上一計。他說：「如今，清軍人馬眾多，硬拚只會凶多吉少。請天王撥給我兩萬人馬，乘夜突圍，偷襲敵軍屯糧之地杭州。這樣，敵人一定會分兵救援杭州。然後天王乘此機會突圍，我也回兵天京，形成兩面夾擊之勢，天京之圍可解。」翼王石達開急忙響應，並表示也帶一支人馬，協同忠王作戰。

李秀成像

太平天國火炮 清

太平軍號衣

　　諸王眾將都認為這是「圍魏救趙」之計，有兩位王爺親率精兵突圍，勝利是有把握的。可是洪秀全生性猜疑，他因天京被圍，形勢險惡，懷疑二王是不是想乘機脫逃，所以遲疑不決，沒有吭聲。

　　李秀成猜透了洪秀全的心思，突然跪倒在地，淚如泉湧，說道：「天王，天國危在旦夕，我等若有二心，對得起天王和全軍將士嗎？」石達開也跪在天王面前，懇求洪秀全下令發兵。洪秀全深受感動，終於同意照計而行。

　　這年正月初二，正值過年，清軍仗著人多勢眾，已把天京團團圍住，也就略有鬆懈。這天半夜時分，李秀成、石達開各率一部人馬，乘著黑夜，從敵人封鎖薄弱的東南角突圍出去。清將和春見是小股部隊逃竄，也就沒有追擊。

　　二王突圍後，分兵兩路：李秀成奔杭州，石達開奔湖州。

　　李秀成抵杭州城下，見守備森嚴，他急令士兵攻城，但都被擊退。李秀成見三天三夜未能攻

下杭州，心中焦急。突然天降大雨，城內守軍見太平軍久攻不下，都很疲憊，天又降雨，就都躲進城堡休息，因為幾天幾夜沒好好睡覺，倒在地上便呼呼入睡。李秀成乘著雨夜，派一千多名勇士，乘雲梯偷偷爬上城牆，等守城士兵驚醒，城門已經大開，李秀成率部衝入城內，攻下了杭州。為了吸引圍困天京的清軍，李秀成下令焚燒清軍的糧倉。

和春聞訊，知道杭州已失，斷了後勤供應，急令副將張玉良率十萬人馬，火速回救杭州。

洪秀全見清軍已分兵解救杭州，敵軍正在調動，於是下令全線出擊。李秀成攻下杭州，放火燒了糧倉之後，火速回兵天京；石達開也率部回撤天京。兩路兵馬匯合一處，機智地繞道而行，避開了張玉良回救杭州的部隊，終於順利地趕回天京。

此時城內城外的太平軍對清軍形成夾擊之勢，清兵始料未及，陣勢大亂，死傷六萬餘人，一敗塗地。

清軍慘敗，天京之圍已解。短時期內，清軍已無力再攻打天京了。

洪秀全墨跡 清

第三計

借刀殺人

孔子像

計名探源

借刀殺人，是為了保存自己的實力而巧妙地利用矛盾的謀略。當敵方動向已明，就千方百計誘導態度曖昧的友方迅速出兵攻擊敵方，自己的主力即可避免遭受損失。此計是根據《周易》六十四卦中的〈損〉卦推演而得。象辭曰：「損下益上，其道上行。」此卦認為，「損」、「益」不可截然分開，二者相輔相成。此計謂借人之力攻擊我方之敵，我方雖不可避免有小的損失，但可穩操勝券，大大得利。

春秋末期，齊簡公派國書為大將，興兵伐魯。魯國實力不敵齊國，形勢危急。孔子的弟子子貢分析形勢，認為惟吳國可與齊國抗衡，可借吳國兵力挫敗齊國軍隊。於是子貢遊說齊相田常。田常當時蓄謀篡位，急欲剷除異己。子貢以「憂在外者攻其弱，憂在內者攻其強」的道理，勸他莫讓異己在攻打魯國時採主動態勢，擴大勢力，而應攻打吳國，借強國之手剷除異己。田常心動，但因齊國已作好攻魯的部署，轉而攻吳，怕師出無名。子貢說：「這事好辦。我馬上去勸說吳國救魯伐齊，這不就有攻吳的理由了嗎？」田常高興地同意了。子貢趕到吳國，對吳王夫差說：「如果齊國攻下魯國，勢力強大，必將伐

吳王太子姑發銅劍 春秋

吳。大王不如先下手爲強，聯魯攻齊，吳國不就可抗衡強晉，成就霸業了嗎？」子貢馬不停蹄，又說服趙國，派兵隨吳伐齊，解決了吳王的後顧之憂。子貢遊說三國，達到了預期目的。他又想到吳國戰勝齊國之後，定會要挾魯國，魯國不能眞正解危。於是他偷偷跑到晉國，向晉定公陳述利害關係：吳國伐魯成功，必定轉而攻晉，爭霸中原。勸晉國加緊備戰，以防吳國進犯。

西元前484年，吳王夫差親自掛帥，率十萬精兵及三千越兵攻打齊國，魯國立即派兵助戰。齊軍中吳軍誘敵之計，陷於重圍，齊師大敗，主帥國書及幾員大將死於亂軍之中。齊國只得請罪求和。夫差大獲全勝之後，驕傲狂妄，立即移師攻打晉國。晉國因早有準備，擊退吳軍。子貢充分利用齊、吳、越、晉四國的衝突，巧妙

虎鷹搏擊戈 春秋

|原|書|解|語|

敵已明，友未定❶，引友殺敵，不自出力，以損❷推演。

【解語注譯】

❶ 友未定：「友」指軍事上的同盟者，亦即除敵、我兩方之外的第三者中，可以一時結盟而借力的人、集團或國家。「友未定」，就是說盟友對主戰的雙方，尚持徘徊、觀望態度，其主意不明不定的情況。

❷ 損：出自《易經》損卦：「損：有孚，元吉，無咎，可貞，利有攸往。」孚，信用。元，大。貞，正。意即取抑省之道去行事，只要有誠心，就會大吉，沒有錯失，合於正道，這樣行事就可一切如意。又卦〈象〉曰：「損，損下益上，其道上行。」意指「損」與「益」的轉化關係，借用盟友的力量去打擊敵人，勢必要使盟友受到損失，但盟友的損失正可使自己獲得利益。

周旋，借吳國之「刀」，擊敗齊國；借晉國之
「刀」，滅了吳國的威風。魯國損失微小，卻能從
危難中得以解脫。

| 原 | 書 | 按 | 語 |

敵象已露，而另一勢力更張，將有所為，便應借此力以毀敵人。如：
鄭桓公將欲襲鄶，先向鄶之豪傑、良臣、辨智、果敢之士，盡書姓
名，擇鄶之良田賂之，為官爵之名而書之，因為設壇場郭門之處而埋
之，釁之以雞豭，若盟狀。鄶君以為內難也，而盡殺其良臣。桓公襲
鄶，遂取之。（《韓非子・內儲說下》）諸葛亮之和吳拒魏，及關羽圍
樊、襄，曹欲徙都，懿及蔣濟說曹曰：「劉備、孫權外親內疏，關羽
得志，權心不願也。可遣人躡其後，許割江南以封權，則樊圍自
釋。」曹從之，羽逐見擒。（《長知經》卷九〈格形〉）

【按語闡釋】

　　古按語舉了幾則戰例：春秋時期，鄭桓公襲擊鄶國之前，先打聽
了鄶國有哪些有本領的文臣武將，開列名單，宣佈打下鄶國，將分別
給他們封官爵，把鄶國的土地送給他們。並煞有其事地在城門處設祭
壇，把名單埋於壇下，對天發誓。鄶國國君一聽到這個消息，怒不可
遏，責怪臣子叛變，把名單上的賢臣良將全部殺了。結果當然是鄭國
輕而易舉滅了鄶國。三國時諸葛亮向劉備獻計，聯合孫權，用吳國兵
力在赤壁大破曹兵。

　　還有，蜀將關羽圍困魏地樊城、襄陽，曹操驚慌，想遷都避開關
羽的威脅。司馬懿和蔣濟力勸曹操說：「劉備、孫權表面上是親戚，
骨子裡是疏遠的，關羽得意，孫權肯定不願意。可以派人勸孫權攻擊
關羽的後方，並答應把江南地方分給孫權，那麼樊城被圍的困境自然
會得到解脫。」曹操用了他們的計謀，關羽最終兵敗，於麥城被俘。
此計是爾虞我詐、相互利用的一種政治權術。用在軍事上，主要展現
在善於利用第三者的力量，或者善於利用、製造敵人內部的衝突，達
到取勝的目的。學會識別這一計謀，可以防止上大當，吃大虧。

用計例說

● 猜忌心重　崇禎自毀長城

　　明萬曆四十六年，努爾哈赤父子親率數十萬滿兵，聲勢浩大，銳不可擋，興師反抗明王朝，志在必得。明天啓六年，努爾哈赤親自率部攻打寧遠，以十三萬之眾圍攻寧遠守兵萬餘人。十三比一，力量懸殊。寧遠守將袁崇煥，身先士卒，奮勇抗敵，擊退滿兵三次大規模的進攻。明軍奮勇抵抗，力挫驕橫的滿兵。袁崇煥乘滿軍氣餒之時，開城反攻，追殺數十里，擊傷努爾哈赤，滿軍慘敗。努爾哈赤遭此敗績，身負重傷，攻佔明朝的壯

努爾哈赤像

明袁崇煥墓

明代佛郎機大炮模型

志難酬，羞愧憤懣而死。皇太極繼位，過了二年，才率師攻打遼定。袁崇煥早有準備，皇太極又兵敗而回。

又經過幾年的準備，皇太極再次攻打明朝。崇禎三年，他爲了避開袁崇煥守地，由內蒙越長城，攻山海關的後方，氣勢洶洶，長驅而入。袁崇煥聞報，立即率部入京勤王，日夜兼程，比滿兵早三天抵達京城的廣渠門外，做好迎敵準備。滿兵剛到，即遭迎頭痛擊，滿兵先鋒巴添狼狽而逃。皇太極視袁崇煥爲從未有過的勁敵，又嫉又恨又害怕，袁崇煥成了他的心病。

皇太極爲了除掉袁崇煥，絞盡腦汁，想出借刀殺人之計。他深知崇禎帝猜忌心特別重，難以容人，於是秘密派人用重金賄賂明廷的宦官，向崇禎告密，說袁崇煥已和滿洲訂下密約，故此滿兵才有可能深入內地。崇禎勃然大怒，將袁崇煥下獄問罪，並不顧將士吏民的請求，將袁崇煥斬首。皇太極借崇禎之刀，除掉心腹之患，從此肆無忌憚，再也沒有遇到袁崇煥這樣的勁敵了。

⊃ 遊說諸國　子貢力解國危

春秋戰國時期，齊相田常準備攻打魯國，孔子知道此事後，讓其弟子子貢去遊說齊國放棄該計劃。

孔子像

子貢到了齊國，站在田常的立場分析局勢，勸田常放棄攻打弱小的魯國，而去攻打另一強國吳國。田常覺得言之有理，但是這時田常的軍隊已經前往魯國，如果轉而去攻吳國，恐怕國內大臣會懷疑自己。子貢說：「您按兵不動，我去吳國，讓吳王為救魯國而去與齊軍作戰，您的軍隊前去迎戰。」田常同意，派子貢去見吳王。

子貢勸吳王與齊決一雌雄，吳王欣然同意，但又說必須在討伐越國之後才行動。子貢勸說吳王，吳國乃一堂堂大國，不必與一區區小國計較，還不如保留越國，使越國及其他諸侯國能依附於吳國，幫助吳國成就霸業。吳王十分高興。子貢前往越國，說服越國假意順從吳王，於是吳王率眾郡國一起攻打齊軍。

子貢又跑到晉國，告訴晉國國君，齊國與吳國即將開戰，如果吳王得勝，必將兵臨晉國，晉國必須充分做好戰鬥準備。

吳國果然與齊國在艾陵交戰，齊軍大敗。

獲勝的吳國沒有班師回國，而是直接去攻打晉國，被嚴陣以待的晉軍擊敗。越王得知，馬上去襲擊吳國，離城七里安營紮寨，吳王聞訊，趕緊離開晉國回國，幾經交戰，吳國徹底滅亡，吳王夫差被殺。

萬仞宮牆
曲阜舊城的正南門，又稱仰聖門，前門上嵌有「萬仞宮牆」石額。這源於《論語》中的一個典故：魯國的大夫議論說子貢比孔子要強，子貢以牆比作學問，稱自己的牆只有肩頭高，而「夫子之牆數仞」，後世增為「萬仞」，以此讚譽孔子的道德學問淵博高深。今石額為清乾隆皇帝重書。

第四計

以逸待勞

計名探源

　　以逸待勞，語出《孫子‧軍爭篇》：「故三軍可奪氣，將軍可奪心。是故朝氣銳，晝氣惰，暮氣歸。故善用兵者，避其銳氣，擊其惰歸，此治氣者也。以治待亂，以靜待嘩，此治心者也。以近待遠，以佚（同逸）待勞，以飽待饑，此治力者也。」又《孫子‧虛實篇》：「凡先處戰地而待敵者佚（同逸），後處戰地而趨戰者勞。故善戰者，致人而不致於人。」原意是說，凡是先到達戰場等待敵人的，就從容、主動，後到達戰場的只能倉促應戰，一定會疲勞、被動。所以，善於指揮作戰的人，總是採取主動，而決不會被敵人調動。

　　戰國末期，秦國少年將軍李信率二十萬軍隊攻打楚國。開始時，秦軍連克數城，銳不可擋。不久，李信中了楚將項燕的伏兵之計，丟盔棄甲，狼狽而逃，秦軍損失數萬。後來，秦王又起用已告老還鄉的王翦。王翦率六十萬軍隊，陳兵於楚國邊境。楚軍立即發重兵抗敵。老將王翦毫無進攻之意，只是專心修築城池，擺出一種堅壁固守的姿態。兩軍對壘，戰爭一觸即發。楚軍急於擊退秦軍，相持年餘。王翦在軍中鼓勵將士養精蓄銳，吃飽喝足，休養生息。秦軍將士人人身

菱形矛 戰國
戰國時期是一個爭霸圖強的時代，兵器的重要性尤其突出，決定著軍隊的戰鬥力。各國的兵器各具特色，品種繁多，質量精良，達到了兵器歷史上的頂峰。

強力壯，精力充沛，平時操練，技藝精進，王翦心中十分高興。一年後，楚軍繃緊的弦早已鬆懈，將士已無鬥志，認爲秦軍的確防守自保，於是決定東撤。王翦見時機已到，下令追擊正在撤退的楚軍。秦軍將士人人如猛虎下山，只殺得楚軍潰不成軍。秦軍乘勝追擊，勢不可擋。西元前223年，秦滅楚。此計強調：讓敵方處於困難局面，不一定只用進攻之法。關鍵在於掌握主動權，伺機而動，以不變應萬變，以靜待動，積極調動敵人，創造戰機，不讓敵人調動自己，而要努力牽著敵人的鼻子走。所以，不可把以逸待勞的「待」字解釋爲消極被動地等待。

王翦像

| 原 | 書 | 解 | 語 |

困敵之勢❶，不以戰；損剛益柔❷。

【解語注譯】

❶ 困敵之勢：迫使敵人處於困頓的境地。

❷ 損剛益柔：語出《易經》損卦。「剛」、「柔」是兩個相對的現象，在一定條件下對立的雙方又可相互轉化。

　　「損」，卦名。本卦爲異卦相疊（兌下艮上）。上卦爲艮，艮爲山；下卦爲兌，兌爲澤。上山下澤，意爲大澤浸蝕山根之象，也就是說有水浸潤著山，抑損著山，故卦名叫「損」。「損剛益柔」是根據此卦象講述「剛柔相推，而生變化」的道理和法則。

　　此計正是根據損卦的道理，以「剛」喻敵，以「柔」喻己，意謂困敵可用積極防禦、逐漸消耗敵人有生力量的方法，使之由強變弱，而我因勢利導，又可使自己變被動爲主動，不一定要用直接進攻的方法，同樣可獲勝。

用計例說

➲ 堅壁清野　陸遜破劉備

陸遜像

　　三國時，吳國殺了關羽，劉備怒不可遏，親自率領七十萬大軍伐吳。蜀軍從長江上游順流進擊，居高臨下，勢如破竹。舉兵東下，連勝十餘陣，銳氣正盛，直至夷陵一帶，深入吳國腹地五、六百里。孫權命青年將領陸遜為大都督，率五萬人迎戰。陸遜深諳兵法，正確地分析了形勢，認為劉備銳氣始盛，並且居高臨下，吳軍難以進攻。於是決定實行戰略退卻，以觀其變。吳軍完全撤出山地，這樣，蜀

| 原 | 書 | 按 | 語 |

此即致敵之法也。兵書云：「凡先處戰地而待敵者佚，後處戰地而趨戰者勞。故善戰者，致人而不致於人」（《孫子‧虛實篇》）。兵書論敵，此為論勢，則其旨非擇地以待敵，而在以簡馭繁，以不變應變，以小變應大變，以不動應動，以小動應大動，以樞應環也。管仲寓軍令於內政，實而備之（《史記》卷六二〈管晏列傳〉）孫臏於馬陵道伏擊龐涓（《史記》卷六五〈孫子吳起列傳〉）；李牧守雁門，久而不戰，而實備之，戰而大破匈奴。（《史記》卷八一〈廉頗藺相如列傳〉）

【按語闡釋】

　　古按語舉了管仲治國備戰、孫臏馬陵道伏擊龐涓、李牧大破匈奴的戰例來證明調敵就範，以逸待勞，是「無有不勝」之法。強調用中心樞紐，即關鍵性的條件，來對付無窮無盡、變化多端的「環」，即四周的情況。掌握戰爭的主動權是本計的關鍵。誰人不知，兩個拳師相對，聰明的拳師往往退讓一步，而蠢人則氣勢洶洶，劈頭就使出全副本領，結果往往被退讓者打倒。《水滸傳》裡的洪教頭，在柴進家中要打林沖，連喚幾個「來來來」，結果卻是被退讓的林沖看出洪教頭的破綻，一腳踢翻了洪教頭。

湖北夷靈古戰場遺址
此地是夷陵之戰的古戰
場。當年陸遜以寡敵
眾，破劉備蜀軍於此，
夷陵之戰是中國歷史上
以少勝多的著名戰例。

軍在五、六百里的山地一帶難以展開攻勢，反而處於被動地
位，欲戰不能，兵疲意阻。相持半年，蜀軍鬥志鬆懈。陸遜看
到蜀軍戰線綿延數百里，首尾難顧，在山林安營紮寨，犯了兵
家之忌。時機成熟，便下令全面反攻，打得蜀軍措手不及。陸
遜一把火，燒毀蜀軍七百里連營，蜀軍大亂，傷亡慘重，慌忙
撤退。陸遜創造了戰爭史上以少勝多、後發制人的著名戰例。

◐日夜兼程　馮異滅隗囂

　　東漢政權建立之初，列強割
據局面還沒有消除，隴西隗囂投
靠公孫述（在四川稱帝），劉秀
派兵進攻隗囂，失利後改派馮異
進兵栒邑，但隗囂聞訊搶先佔據
栒邑。馮異部將主張放棄進軍栒
邑的計劃，馮異說：「夫攻者不
足，守者有餘，今先據城，以逸
待勞，非所以爭也。」命令部隊
日夜兼程前進，秘密包圍了栒
邑，乘隗囂不備，一舉打敗隗
囂。

馮異像

第五計

趁火打劫

范蠡像

計名探源

趁火打劫的原意是：趁人家家裡失火，一片混亂而無暇自顧的時候，去搶人家的財物。趁人之危撈一把，這是不道德的行為。此計用在軍事上指的是：當敵方遇到麻煩或危難的時候，就要乘此機會進兵出擊，制服對手。《孫子‧始計篇》云：「亂而取之。」唐朝杜牧解釋孫子此句時說，「敵有昏亂，可以乘而取之」，講的就是這個道理。

春秋時期，吳國和越國相互爭霸，戰事頻仍。經過長期戰爭，越國終因不敵吳國，只得俯首稱臣。越王句踐被扣押在吳國，失去行動自由。句踐立志復國，臥薪嘗膽。表面上對吳王夫差百般逢迎，終於騙得夫差的信任，被放回越國。回國之後，句踐依然臣服於吳國，年年派范蠡進獻美女財寶，以鬆懈夫差心防，而在國內則採取了一系列富國強兵的措施。越國幾年後實力大大加強，人丁興旺，物資豐足，人心穩定。吳王夫差卻被勝利沖昏了頭腦，被句踐的假相迷惑，不把越國放在眼裡。他驕橫兇殘，拒絕納諫，殺了一代名將忠臣伍子胥，重用奸臣，不聽諫言。生活淫靡奢侈，大興土木，搞得民窮財盡。西元前473年，吳國作物不收，民怨沸騰。越

越王句踐劍 春秋

古代兵器中的奇寶，出土時仍然寒光四射，鋒利無比，可斷髮絲。劍身銘文有：「越王句踐，自作用劍。」反映了中國古代高超的鑄劍技術。

王句踐選中吳王夫差北上和中原諸侯在黃池會盟的時機，大舉進兵吳國。吳國國內空虛，無力還擊，很快就被越國擊破滅亡。句踐的勝利，正是乘敵之危、就勢取勝的典型戰例。

吳三桂像

用計例說

❯ 引兵入關　吳三桂衝冠一怒

　　努爾哈赤、皇太極都早有入主中原的打算，但是直到去世都未能如願。順治帝即位時，年齡太小，只有七歲，朝廷的權力都集中在攝政王多爾袞手上。多爾袞對中原早就有進佔之意，想建立功業，以遂父兄未完成的入主中原的遺願，時刻都虎視眈眈地注視著明朝的一舉一動，伺機入

| 原 | 書 | 解 | 語 |

敵之害大❶，就勢取利，剛決柔也❷。

【解語注譯】

❶ 敵之害大：害，指敵人所遭遇到的困難、危厄的處境。

❷ 剛決柔也：語出《易經》夬卦。夬卦爲異卦相疊（乾下兌上）。上卦爲兌，兌爲澤；下卦爲乾，乾爲天。兌上乾下，意爲有洪水漲上天之象。夬卦的象辭說：「夬，決也。剛決柔也。」決，沖決、衝開、去掉的意思。因乾卦爲六十四卦的第一卦，乾爲天，是大吉大利的貞卜，所以此卦的本義是力爭上游，剛健不屈。所謂剛決柔，就是下乾這個陽剛之卦，在衝決上兌這個陰柔的卦。

　　此計是以「剛」喻己，以「柔」喻敵，言乘敵之危，就勢而取勝的意思。

主中原。

明朝末年，政治腐敗，民生凋敝。崇禎皇帝縮衣節食，倒想振興大明。可惜猜疑成性，賢臣良將根本不能在朝廷立足，他一連更換了十幾個宰相，又殺了明將袁崇煥，他的周圍都是些奸邪小人，明朝崩潰大局已定。西元1644年，李自成率農民起義軍一舉攻占京城，建立了大順王朝。可惜農民軍進京之後，立足未穩，首領們漸漸腐化墮落。明朝名將吳三桂的愛妾陳圓圓也被起義軍將領擄去。吳三桂本是勢利小人，慣於見

陳圓圓像

|原|書|按|語|

敵害在內，則劫其地；敵害在外，則劫其民；內外交害，則劫其國。如：越王乘吳國內蟹稻不遺種而謀攻之，後卒乘吳北會諸侯於黃池之際，國內空虛，因而搗之，大獲全勝。（《國語·吳語·越語下》）

【按語闡釋】

這則按語把「趁火打劫」之計具體化了。所謂「火」，即敵方的困難、麻煩。敵方的困難不外乎兩個方面，即內憂、外患。天災人禍，經濟凋敝，民不聊生，怨聲載道，農民起義，內戰連年，都是內憂；外敵入侵，戰事不斷，都是外患。敵方有內憂，就占他的領土；敵方有外患，就爭奪他的百姓；敵方內憂外患岌岌可危，趕快兼併他。總之，抓住敵方大難臨頭的危急之時，趕快進兵，肯定穩操勝券。《戰國策·燕二》中的著名寓言「鷸蚌相爭，漁翁得利」，也是「趁火打劫」之計的具體展現。

李自成陵園

李自成之墓

風使舵。他看到明朝大勢已去，李自成自立為大順皇帝，想投奔李自成鞏固自己的實力。而李自成勝利之後，益發驕傲得意，並沒把吳三桂看在眼裡，不但抄了他的家，還扣押了他的父親，擄了他的愛妾。本來就朝三暮四的吳三桂，終於投靠滿清，希望借清兵勢力消滅李自成。多爾袞聞訊，欣喜若狂，認為時機成熟，可以實現多年的願望了。這時中原內部戰火紛飛，李自成江山未定，於是多爾袞迅速聯合吳三桂部隊進入山海關，只用了幾天的時間，就打到京城，趕走了李自成。多爾袞志得意滿地登上金鑾寶殿，奠定了滿清統治中原的基礎。

鐵炮 清

◯趁人之危　齊宣王興兵佔燕

西元前314年，燕王噲受相國子之及其黨羽的愚弄，仿效堯舜讓賢的故事，將王位讓給了相國子之。子之執政三年，燕國大亂，各宗族痛恨子

雙鞘劍 戰國

之。將軍市被和太子平謀反，準備攻擊子之。

　　當時，有人勸燕國的鄰國齊國國君齊宣王：乘此時機進攻燕國，一定可以大敗它。齊宣王派人轉告太子平，表示自己願意爲太子平效勞。太子平於是急招黨羽，將軍市被包圍王宮，攻打子之，結果失敗，太子平和將軍市被殉國，燕國內戰數月，幾萬人死去，燕國民眾怨聲載道。

　　這時又有人對齊宣王說：「現在攻打燕國，正如同周文王、周武王討伐殷紂一樣，機不可失。」齊宣王於是派大將匡章率十萬大軍攻打燕國。而燕國人早已對子之深惡痛絕，齊兵一到，就大開城門迎接。

　　匡章很快佔領了燕國的都城，子之逃亡，燕王噲被殺。從此，燕的三千里國土都被趁火打劫的齊國佔領。

泰山齊長城遺址
戰國時期混合兵種的大兵團作戰頻繁發生，各國除了興建具有防禦功能的城市，還在各軍事要地構築軍事城壘，作爲駐紮軍隊和屯積糧草的基地。爲防禦騎兵的侵擾，一些諸侯國沿國境修築了綿延數百里以至上千里的高大城牆，稱爲長城。長城的出現，有效防止了小部隊的襲擾和騎兵軍團的長驅直入。最早修築長城的是位於長江流域的楚國，規模較大的則是位於北方的秦、趙、燕三國。

聲東擊西

班超像

計名探源

　　聲東擊西，是忽東忽西，即打即離，製造假象，引誘敵人做出錯誤判斷，然後乘機殲敵的策略。爲使敵方的指揮發生混亂，必須採用靈活機動的行動，本不打算進攻甲地，卻佯裝進攻；本來決定進攻乙地，卻不顯出任何進攻的跡象。似可爲而不爲，似不可爲而爲之，敵方就無法推知我方意圖，被假象迷惑，作出錯誤判斷。

　　東漢時期，班超出使西域，目的是團結西域諸國共同對抗匈奴。爲了使西域諸國便於共同對抗匈奴，必須先打通南北通道。地處大漠西緣的

| 原 | 書 | 解 | 語 |

敵志亂萃❶，不虞❷，坤下兌上❸之象，利其不自主而取之。

【解語注譯】

❶敵志亂萃：援引《易經》萃卦中象辭「乃亂乃萃，其志亂也」之意。萃，悴，即憔悴。是說敵人神志混亂而且疲憊。

❷不虞：出乎意料。

❸坤下兌上：萃卦爲異卦相疊（坤下兌上）。上卦爲兌，兌爲澤；下卦爲坤，坤爲地。有澤水淹及大地、洪水橫流之象。此計是運用「坤下兌上」之卦象的象理，使「敵志亂萃」，使其陷於錯亂叢雜、危機四伏的處境，而我則要抓住敵人不能自控的混亂之勢，機動靈活地運用時東時西、似打似離、不攻而示它以攻、欲攻而又示之以不攻等戰術，進一步造成敵人的錯覺，出其不意地一舉奪勝。

莎車國，煽動周邊小國歸附匈奴，反對漢朝。班超決定首先平定莎車，莎車國王遂向龜茲求援。龜茲王親率五萬人馬，援救莎車。班超聯合于闐等國，兵力只有二萬五千人，敵眾我寡，難以力克，必須智取。班超遂定下聲東擊西之計，迷惑敵人。他派人在軍中散佈對班超的不滿言論，製造打不贏龜茲，準備撤退的跡象。並且特別讓莎車俘虜聽得一清二楚。這天黃昏，班超命于闐大軍向東撤退，自己率部向西撤退，表面上顯得慌亂，故意讓俘虜趁機逃脫。俘虜逃回莎車營中，

| 原 | 書 | 按 | 語 |

西漢，七國反，周亞夫堅壁不戰。吳兵奔壁之東南陬，亞夫便備西北；已而吳王精兵果攻西北，遂不得入（《漢書》四十〈周勃傳〉附）。此敵志不亂，能自主也。漢末，朱雋圍黃巾於宛，張圍結壘，起土山以臨城內，鳴鼓攻其西南，黃巾悉眾赴之；雋自將精兵五千，掩其東北，遂乘虛而入。此敵志亂萃，不虞也。然則聲東擊西之策，須視敵志亂否為定。亂，則勝；不亂，將自取敗亡，險策也。

【按語闡釋】

　　這則按語透過使用此計的兩個戰例，提醒用此計的人需考慮對手的情況：確可擾亂敵方指揮，用此計必勝；如果對方指揮官頭腦冷靜，識破計謀，此計就不可能發揮效力了。黃巾軍中了李雋佯攻西南方之計，遂丟失宛城（今河南南陽）。而周亞夫處變不驚，識破敵方計謀。吳軍佯攻東南角，周亞夫下令加強西北方向的防守。當吳軍主力進攻西北角時，周亞夫早有準備，吳軍無功而返。

　　聲東擊西之計，早已被歷代軍事家熟知，所以使用時必須充分估計敵方情況。方法只有一個，但可變化無窮。

西域城邦國家分布圖

急忙報告漢軍慌忙撤退的消息。龜茲王大喜，誤
以為班超懼怕自己而慌忙逃竄，想趁此機會，追
殺班超。他立刻下令兵分兩路，追擊逃敵。他親
率一萬精兵向西追殺班超。班超胸有成竹，趁夜
幕籠罩大漠，撤退僅十里地，部隊即就地隱蔽。
龜茲王求勝心切，率領追兵從班超隱蔽處飛馳而
過。班超立即集合部隊，與事先約定的東路于闐
人馬，迅速回師，殺向莎車軍。班超的部隊有如
從天而降，莎車軍猝不及防，迅速瓦解。莎車王
驚魂未定，逃走不及，只得請降。龜茲王氣勢洶
洶，追趕一夜，未見班超部隊蹤影，又聽得莎車
已被平定、人馬傷亡慘重的報告，只得收拾殘
部，悻悻然返回龜茲。

用計例說

⊙跨海越洋　鄭成功收復臺灣

臺灣被荷蘭殖民者統治數十年，民族英雄鄭

鄭成功像

鄭成功部隊用的藤盾牌 清

成功立志收復臺灣。1661年4月，鄭成功率二萬五千將士順利登上澎湖島。要佔領臺灣島，趕走殖民軍，必須先攻下赤崁城（今台南安平）。鄭成功親自尋訪熟悉當地地勢的老人，了解到攻打赤崁城只有兩條航道可進：一條是攻南航道，這條道港闊水深，船隻可以暢通無阻，又較易登陸。荷蘭殖民軍在此設有重兵，工事堅固，炮臺密集，對準海面。另一條是攻北航道，直通鹿耳門。但是這條航道海水很淺，礁石密布，航道狹窄。殖民軍還故意鑿沈一些船隻，阻塞航道。他們認為這裡無法登陸，所以只派少量兵力防守。鄭成功又進一步了解到，這條航道雖淺，但海水漲潮時，仍可以通大船。於是決定趁漲潮時先攻下鹿耳門，然後繞道從背後攻打赤崁城。

鄭成功計劃已定，首先派出部分戰艦，浩浩蕩蕩，裝作從南航道進攻。荷蘭殖民軍急忙調集大批軍隊布防。為了迷惑敵人，鄭成功的部隊聲威浩大，喊聲震天，炮火不斷。這一下，鄭成功非常成功地把殖民軍的注意力全部吸引到了南航道。北航道上一片沈寂，殖民軍

赤崁樓 清
此樓位於今台灣台南市民族路，原為荷蘭人修築的普羅文查城。鄭成功收復台灣以後在此設立應天府，作為處理政務場所。

以爲平安無事。趁南航道激戰正酣，在一個月明星稀之夜，鄭成功率領主力戰艦，人不知，鬼不覺，在海水漲潮時迅速登上鹿耳門，守軍從夢中驚醒，發現已被包圍。鄭成功乘勝進兵，從背後攻下赤崁城。荷蘭殖民軍狼狽逃竄，鄭成功順利取得臺灣。

孟嘗君像

●馮諼謀劃　孟嘗君官復原職

戰國時期，齊國有一個丞相，叫孟嘗君。孟嘗君頗得人心，但齊王聽信謠言，害怕孟嘗君會奪去自己的王位，於是沒收了他的相印，撤了他的職位，讓他回老家薛地去了。

孟嘗君的門客馮諼，爲了叫孟嘗君官復原職，跑到魏國，對魏惠王說：「齊王放逐了他的大臣孟嘗君，諸侯誰先迎接他的，誰就國富兵強。」於是魏王讓出相位，三次重金去迎接孟嘗君，都遭拒絕，因爲孟嘗君知道齊國會得知這種情況的。

果然，齊王聽說後，心裡害怕，便派太傅帶了黃金千斤、豪華的高級馬車兩輛和佩劍一把，並有齊王親筆信一封，向孟嘗君道歉，請他回來治理國家。這以後孟嘗君任相國數十年，再沒有任何災禍，全要歸功於馮諼成功地運用聲東擊西之計。

手執劍形戈 漢
滇族武器，器表鍍錫，以手把柄，造型別緻，匠心獨具，反映當時滇族人民高超的冶鑄技術。

敵戰計

敵戰計 敵戰計

敵戰計

敵戰計 敵戰計

第七計

無中生有

計名探源

　　無中生有，這個「無」，指的是「假」，是「虛」。這個「有」，指的是「眞」，是「實」。無中生有，就是眞眞假假，虛虛實實，眞中有假，假中有眞，虛實互變，從而擾亂敵人，造成敵方判斷與行動上的失誤。此計可分解爲三部曲：第一步，示敵以假，讓敵人誤以爲眞；第二步，讓敵方識破我方之假，掉以輕心；第三步，我方變假爲眞，讓敵方誤以爲假。這樣，敵方思想已被擾亂，主動權就被我方掌握。使用此計有兩點應注意：第一，敵方指揮官性格多疑、過於謹愼的，此計特易奏效。第二，要抓住敵方已經迷惑不解之機，迅速變虛爲實，變假爲眞，變無爲有，出其不意地攻擊敵方。

　　唐朝安史之亂時，許多地方官吏紛紛投靠安祿山、史思明。唐將張巡忠於唐室，不肯投敵。他率領二、三千人的軍隊守孤城雍丘（今河南杞縣）。安祿山派降將令狐潮率四萬人馬圍攻雍丘城。敵眾我寡，張巡雖取得幾次突然出城襲擊的小勝，但無奈城中箭矢越來越少，趕造不及。沒有箭矢，很難抵擋敵軍攻城。張巡想起三國時諸葛亮草船借箭的故事，心生一計。急命軍中搜集秸

張巡像

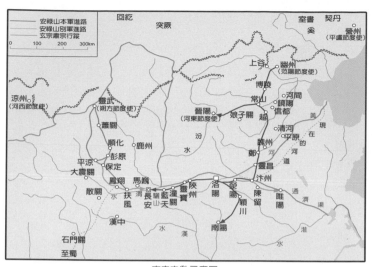

安史之亂示意圖

草，紮成千餘個草人，將草人披上黑衣，夜晚用繩子慢慢往城下吊。夜幕之中，令狐潮以爲張巡又要乘夜出兵偷襲，急命部隊萬箭齊發，急如驟雨。張巡輕而易舉獲敵箭數十萬支。令狐潮天明後，知道中計，氣急敗壞，後悔不迭。第二天夜晚，張巡又從城上往下吊草人。眾賊見狀，哈哈大笑。張巡見敵人不相信，就迅速吊下五百名勇士，在夜幕掩護下，迅速潛入敵營，打得令狐潮

|原|書|解|語|

誑也，非誑也，實其所誑也❶。少陰、太陰、太陽❷。

【解語注譯】

❶ 誑也，非誑也，實其所誑也：誑，欺詐、誑騙。實，實在，真實，此處作意動詞。句意爲：運用假象欺騙對方，但並非一假到底，而是讓對方把受騙的假象當成真相。

❷ 少陰，太陰，太陽：「陰」指假相，「陽」指真相。句意爲：用大大小小的假象去掩護真相。

措手不及，營中大亂。張巡乘此機會，率部衝出城來，殺得令狐潮大敗而逃，損兵折將，只得退守陳留（今開封東南）。張巡巧用無中生有之計保住了雍丘城。

用計例說

➲ 追名圖利　楚懷王割地求和

戰國末期，七雄並立。實際上，秦國兵力最強，楚國地盤最大，齊國地勢最好。其餘四國都不是他們的對手。

當時，齊楚結盟，秦國無法取勝。秦國的相國張儀是個著名的謀略家，他向秦王建議，先離間齊楚，再分別擊之。秦王覺得有理，遂派張儀

鄂君節 戰國
此為楚懷王賜給下屬的鄂國國君的符節

｜原｜書｜按｜語｜

無而示有，誑也。誑不可久而易覺，故無不可以終無。無中生有，則由誑而真，由虛而實矣。無不可以敗敵，生有則敗敵矣。如：令狐潮圍雍丘，張巡縛蒿為人千餘，披黑衣，夜縋城下，潮兵爭射之，得箭數十萬。其後復夜縋人，潮兵笑，不設備，乃以死士五百砍潮營，焚壘幕，追奔十餘里。（《新唐書》卷一九二〈張巡傳〉〈戰略考·唐〉）

【按語闡釋】

此計的關鍵在於真假要有變化，虛實必須結合。一假到底，易被敵人發覺，難以制敵。先假後真，先虛後實，無中必須生有。指揮者必須抓住敵人已被搞糊塗的有利時機，迅速地以「真」、「實」、「有」──也就是以出奇制勝的速度，攻擊敵方，等敵人還未清醒時，便將其擊潰。

出使楚國。

　　張儀帶著厚禮拜見楚懷王，說秦國願意把商於之地六百里（今河南淅川、內江一帶）送與楚國，但要楚國絕齊之盟。懷王一聽，覺得有利可圖：一是得了地盤，二是削弱了齊國，三是又可與強秦結盟。於是不顧大臣的反對，痛痛快快地答應了。

張儀像

　　懷王派逢侯丑與張儀赴秦，簽訂條約。二人快到咸陽的時候，張儀假裝喝醉酒，從車上掉下來，然後回家養傷。逢侯丑只得在館驛住下。過了幾天，逢侯丑見不到張儀，只得上書秦王。秦王回信說：既然有約定，寡人當然遵守。但是楚未絕齊，怎能隨便簽約呢？

　　逢侯丑派人向楚懷王報告，懷王哪裡知道秦國早已設下圈套，他立即派人到齊國，大罵齊王，於是齊楚之盟破裂。

　　這時，張儀的「病」也好了，碰到逢侯丑，說：「咦，你怎麼還沒有回國？」逢侯丑說：「正要同你一起去見秦王，談送商於之地一事。」張儀卻說：「這點小事，不要秦王親自決定。我當時已說將我的邑六里，送給楚王，我說了就成了。」逢侯丑急忙說：「你說的是商於六百里！」張儀故作驚訝：「哪裡的話！秦國土地都是征戰所得，豈能隨意送人？你們聽錯了吧！」

逢侯丑無奈，只得回報楚懷王。懷王大怒，發兵攻秦。可是現在秦齊已經結盟，在兩國夾擊之下，楚軍大敗，秦軍盡取漢中之地六百里。最後，懷王只得割地求和。

楚懷王中了張儀無中生有之計，不但沒有得到好處，相反地卻喪失了大片國土。

◐ 吳用施計逼盧俊義上梁山

《水滸傳》中梁山好漢聽說京城大員外盧俊義有一身好武藝，棍棒天下無雙，軍師吳用施與「無中生有」之計，將盧俊義賺得落草為「寇」。

吳用首先領著李逵裝成算命先生，替盧員外算了一命。吳用算道：「員外這命，目下不出百日之內，必有血光之災。家私不能保守，死於刀劍之下。」盧俊義討教迴避之法，吳用說：「除非前去東南方巽地上，一千里之外，方可免此大難。」盧俊義算卦之後，坐立不安。第二天便離家避難去了。

經過梁山泊路邊時，盧俊義被早已在此等候的英雄們「請」到了梁山泊的忠義堂。宋江等盛情邀請盧員外來梁山泊一起替天行道，盧堅決不從。宋江、吳用也不勉強，只留他多住幾天，並讓其家人李固等回家報信。

吳用背地對李固說：「你的主人，已和我們商議定了，今坐第二把交椅。他在未曾上山時，預先寫下四句反詩在家裡壁上。我教你們知道，壁上二十八個字，每一句包著一個字。『蘆花蕩裡一扁舟』，包個『盧』字；『俊傑哪能此地遊』，包個『俊』字；『義士手提三尺劍』，包個『義』字；『反時須斬逆臣頭』，包個『反』字。這四句詩，包藏了『盧俊義反』四字。」李固回去後便告發了盧俊義。

軟禁了兩個月後，盧俊義回到京城，家和妻子已屬李固。官府把他抓了起來，將他

脊杖四十，發配到三千里之外。被李固收買了的
當差又要將盧俊義置於死地，幾經波折，盧俊義
免於一死，卻又被捉拿歸案，即將斬首，梁山好
漢將其救下，走投無路的盧俊義，最後只有投奔
梁山泊。

吳用計騙玉麒麟
吳用扮成算命先生給盧俊
義算卦，說盧俊義百日內
有血光之災。盧俊義索求
避難之法。吳用叫他遠去
東南千里之外避難，又叫
他在牆壁上寫下四句詩：
「蘆花蕩裡一扁舟，俊傑
哪能此地遊；義士手提三
尺劍，反時須斬逆臣
頭。」盧俊義不知是計，
終於給吳用騙上梁山。

第八計

暗渡陳倉

計名探源

　　暗渡陳倉，意思是採取正面佯攻，當敵軍被我牽制而集結固守時，我軍悄悄派出一支部隊迂迴到敵後，乘虛而入，進行決定性的突襲。

　　此計與聲東擊西計有相似之處，都有迷惑敵人、隱蔽進攻的作用。二者的不同處是：聲東擊西，隱蔽的是攻擊點；暗渡陳倉，隱蔽的是攻擊路線。

　　此計是漢大將軍韓信創造的。「明修棧道，暗渡陳倉」，是古代戰爭史上著名的成功戰例。

　　秦朝末年，政治腐敗，群雄並起，紛紛反秦。劉邦的部隊首先進入關中，攻進咸陽。勢力強大的項羽進入關中後，逼迫劉邦退出關中。鴻門宴上，劉邦險些喪命。劉邦此次脫險後，只得率部退駐漢中。為了鬆懈項羽心防，劉邦退走時，將漢中通往關中的棧道全部燒毀，表示不再返回關中。其實劉邦時刻想著一定要擊敗項羽，奪得天下。西元前206年，已逐步強大起來的劉邦，派大將軍韓信出兵東征。出征之前，韓信派了許多士兵去修復已被燒毀的棧道，擺出要從原路殺回的架勢。關中守軍聞訊，密切注視棧道

韓信像

三國棧道遺址

修復的進展情況，並派主力部隊在這條路線各個
關口要塞加緊防範，阻止漢軍進攻。

　　韓信「明修棧道」的行動，果然奏效。由於
他吸引了敵軍的注意力，敵軍的主力調至棧道一
線，於是韓信立即派大軍繞道到陳倉（今陝西寶

|原|書|解|語|

示之以動❶，利其靜而有主❷，益動而巽❸。

【解語注譯】

❶ 示之以動：示，給人看。動，此指軍事上的正面佯攻、佯動
　等迷惑敵方的軍事行動。

❷ 利其靜而有主：主，專心，專一。言敵方靜下心來專注（我
　方的佯動）則於我方有利。

❸ 益動而巽：語出《易經》益卦。益卦爲異卦相疊（震下巽上）
　。上卦爲巽，巽爲風；下卦爲震，震爲雷。意即風雷激盪，
　其勢愈增，故卦名爲益。與損卦之義互相對立，構成一個統
　一的組卦。益的象辭說：「益動而巽，日進無疆。」這是說
　益卦下震爲雷爲動，上巽爲風爲順，那麼，動而合理，是天
　生地長，好處無窮。

　　此計是利用敵人被我「示之以動」的迷惑手段所蒙蔽，
而我即乘虛而入，以達到軍事上的出奇制勝。

韓信像

雞縣東）發動突然襲擊，一舉打敗敵軍，平定三秦，為劉邦統一中原邁出了決定性的一步。

用計例說
➔ 故計重演　韓信佔領西魏

　　一般來說，一個將領實施某一計謀而成功之後，敵方會吸取教訓，防止再次上當。因此，故計重演，難度很大。古代軍

|原|書|按|語|

奇出於正，無正不能出奇。不明修棧道，則不能暗渡陳倉。昔鄧艾屯白水之北，姜維遣廖化屯白水之南而結營焉。艾謂諸將曰：「維今卒還，吾軍少，法當來渡，而不作橋，此維使化持我，令不得還。必自東襲取洮城矣。」艾即夜潛軍，徑到洮城。維果來渡。而艾先至，據城，得以不破。此則是姜維不善用暗渡陳倉之計，而鄧艾知其聲東擊西之謀也。

【按語闡釋】

　　這則按語講出了軍事上「奇」、「正」的辯證關係。奇正相互對立，又相互聯繫。孫子曰：「凡戰者，以正合，以奇勝。」所謂「正」，指的是兵法中的常規原則；所謂「奇」，指的是與常規原則相對而言的靈活用兵之法。其實，奇正也可以互相轉化。比如說，「明修棧通，暗渡陳倉」，寫入兵書，此法可以說由奇變為正，而適時的正面強攻又可能轉化為奇了。鄧艾識破姜維「暗渡陳倉」之計，認定姜維派廖化駐軍白水之南，不過是想讓自己困惑，目的是襲洮城。等姜維偷襲洮城時，鄧艾已嚴陣以待了。鄧艾懂得兵法中奇正互變的道理，識破姜維之計。由此可見，對於熟悉兵法的人來說，要掌握戰場上的千變萬化，使用各種計謀，必須審時度勢，死板地使用某種計謀，是難以成功的。

事奇才韓信二施「暗渡陳倉」的計謀，玩弄敵人於股掌之上，堪稱一絕。

楚漢相爭，各路諸侯自知力量不敵劉邦、項羽，他們密切注意戰爭動向，伺機尋找靠山。西魏王豹，本已投靠劉邦，後見漢兵受挫，就轉而投靠項羽，聯楚反漢。大將軍韓信舉兵攻打西魏，大軍進至黃河渡口臨晉關（今陝西大荔東）。西魏王豹派重兵把守臨晉關對岸的蒲坂（今山西永濟西），憑藉黃河天險，緊守渡口，封鎖臨晉關河面，壁壘森嚴。

韓信深知，如果從臨晉關渡河，損失太大，難以成功。他決定再施「暗渡陳倉」的計謀。他佯裝準備從臨晉關渡河決戰，調集人馬，趕造船隻，派人沿黃河上游察看地形。經過認真調查，韓信決定從黃河上游夏陽（今陝西韓城南）渡河，此處地勢險要，魏兵守備空虛。韓信一面命大軍向夏口調集，一面佯裝從臨晉關渡河，派士兵擂鼓吶喊，推船入水，做出強攻的樣子。魏軍無論如何也沒想到，就在漢軍佯裝大舉強渡的時候，漢軍主力已在韓信率領下從夏陽渡河，直取魏都平陽（今山西臨汾）。等到西魏王豹得到消息，派兵堵截漢軍時，已經來不及了。漢軍生擒西魏王豹，佔領了西魏。

懸俘矛 漢
懸俘矛兩側各吊一男子，反映戰爭中擄獲戰俘的場面。

⊃ 呂蒙奪荊　關羽敗走麥城

東漢末年，自從劉備「借」去了荊州，孫權

一直耿耿於懷，將奪取荊州的重任交給了呂蒙。呂蒙得知鎮守荊州的關羽正在討伐曹操的樊城，但還留下部分兵力駐守後方，於是決定裝病回建業，爲的是讓關羽聽說這消息後，撤掉後方兵力，全部開赴樊城，到時自己的大軍走水路，乘船晝夜逆流而上，乘他不備，襲取他的空虛所在。

於是，呂蒙得了「重病」，孫權公開發布文書徵召呂蒙回建業。關羽果然相信了，逐漸撤掉後方兵力開赴樊城，拿下樊城後，他便得意忘形了。

孫權見時機成熟，便派呂蒙帶精兵埋伏在大船中，讓人穿上白衣裝作老百姓的樣子搖櫓駕船，船上坐的人都是商人打扮，晝夜兼程，直搗敵人後方，順利奪回荊州，並且活捉了敗走麥城的荊州守將關羽。

呂蒙白衣渡江

公孫康像

第九計

隔岸觀火

計名探源

　　隔岸觀火，就是「坐山觀虎鬥」，「黃鶴樓上看翻船」。敵方內部分裂，衝突激化，相互傾軋，勢不兩立，這時切切不可操之過急，免得促成他們暫時聯手對付你。正確的方法是按兵不動，讓他們互相殘殺，力量削弱，甚至自行瓦解。東漢末年，袁紹兵敗身亡，幾個兒子爲爭奪

敵戰計 ▼ 51

|原|書|解|語|

陽乖序亂❶，陰以待逆❷。暴戾恣睢❸，其勢自斃。順以動豫，豫順以動❹。

【解語注譯】

❶陽乖序亂：陽，指公開的。乖，違背，不協調。此指敵方內部衝突激化，以致明顯表現出多方面混亂，相互傾軋。

❷陰以待逆：陰，暗暗地。逆，不順遂。此指我暗中靜觀敵變，坐待敵方出現更進一步的惡化局面。

❸暴戾恣睢：戾，兇暴，猛烈。睢，任意胡爲。

❹順以動豫，豫順以動：語出《易經》豫卦。豫卦爲異卦相疊（坤下震上），下卦爲坤爲地，上卦爲震爲雷。是雷生於地，雷從地底而出，突破地面，在空中自在飛騰。豫卦的象辭說：「豫，剛應而志行，順以動。」意即順時而動，正因爲豫卦之意是順時而動，所以天地就能遂其意，做事就順當自然。

　　此計是運用本卦順時以動的哲理，坐觀敵人內部惡變，不急於採取攻逼手段而順其變，「坐山觀虎鬥」，最後讓敵人自相殘殺，時機一到即坐收其利，一舉成功。

權力互相爭鬥，曹操決定進攻袁氏兄弟。袁尚、袁熙兄弟投奔烏桓，曹操即出兵擊敗烏桓，袁氏兄弟又去投奔遼東太守公孫康。曹營諸將向曹操進言，要一鼓作氣，平服遼東，捉拿二袁。曹操哈哈大笑說，你等勿動，公孫康自會將二袁的頭送上門來的。於是下令班師，轉回許昌，靜觀遼東局勢。公孫康聽說二袁來降，心有疑慮。袁家父子一向都有奪取遼東的野心，現在二袁兵敗，如喪家之犬，無處存身，投奔遼東實為迫不得已。公孫康如收留二袁，必有後患。再者如收容二袁，肯定會得罪勢力強大的曹操。但他又考慮，如果曹操進攻遼東，只得收留二袁，共同抵禦曹軍。當他探

| 原 | 書 | 按 | 語 |

乖氣浮張，逼則受擊，退則遠之，則亂自起。昔袁尚、袁熙奔遼東，尚有數千騎。初，遼東太守公孫康，恃遠不服。及曹操破烏丸，或說曹遂征之，尚兄弟可擒也。操曰：「吾方使斬尚、熙首來，不煩兵矣。」九月，操引兵自柳城還，康即斬尚、熙，傳其首。諸將問其故，操曰：「彼素畏尚等，吾急之，則並力；緩之，則相圖，其勢然也。」或曰：此兵書火攻之道也。按兵書〈火攻篇〉前段言火攻之法，後段言慎動之理，與隔岸觀火之意，亦相吻合。

【按語闡釋】

　　按語提到《孫子・火攻篇》，認為孫子言慎動之理，與隔岸觀火之意，亦相吻合。這是很正確的。在〈火攻篇〉後段，孫子強調，戰爭是利益的爭奪，如果打了勝仗而無實際利益，是沒有作用的。所以，「非利不動，非得（指取勝）不用，非危不戰。主不可以怒而興師，將不可以慍（指怨憤、惱怒）而致戰。合於利而動，不合於利而止」。所以說一定要慎用兵，戒輕戰，戰必以利為目的。有時輕舉妄動，倒不如隔岸觀火更為有利。當然，隔岸觀火之計，不等於站在旁邊看熱鬧，一旦時機成熟，就要改「坐觀」為「出擊」，以取得勝利為目的。

聽到曹操已經轉回許昌，並無進攻遼東之意時，認為收容二袁有害無益，於是預設伏兵召見二袁，一舉擒拿，割下首級，派人送到曹操營中。曹操笑著對眾將說，公孫康向來懼怕袁氏吞併他，二袁上門，他必定猜疑。如果我們急於用兵，反會促成他們合力抗拒。我們退兵，他們肯定會自相火拼。看看結果，果然不出我所料。

用計例說

➲陳軫獻計　秦王坐觀虎鬥

戰國時期，韓國和魏國打了一年的仗也沒有決出勝負。秦國的大臣們有的說參戰好，有的說參戰不好，弄得秦惠王左右為難。

於是，秦惠王就此事問楚國謀士陳軫。

陳軫講了卞莊子刺虎的故事：「卞莊子看見兩隻老虎吃牛，立即想去把虎刺死，一個小孩子勸阻他說：『兩虎剛

陳軫像

剛開始吃牛，等它嘗到香甜滋味的時候必然相爭，相爭就一定要廝鬥，廝鬥就會使強壯的受傷，弱小的死亡。這時你再去刺殺受傷的，只要殺死一隻老虎，實際上卻能得到兩隻老虎。』卞莊子認為這個主意不錯，於是站在一旁觀看。一會兒，兩隻老虎果然爭鬥起來了，強壯的老虎受了傷，弱小老虎被咬死。卞莊子上去把受傷的老虎刺死，一舉得了兩隻老虎。現在韓魏爭戰，難解難分，結果一定是強國受損，弱國滅亡。那時再去攻打已經受損的國家，一舉兩得。這與卞莊子刺虎的道理是一樣的。」

秦王依計而行，沒有參戰。結果大國受損，小國滅亡。秦這時才起兵攻打，大獲全勝。

第十計

笑裡藏刀

公孫鞅像

計名探源

　　笑裡藏刀，原意是指那種口蜜腹劍、兩面三刀、「口裡喊哥哥，手裡摸傢伙」的做法。此計用在軍事上，是運用政治外交上的偽善手段，欺騙對方，以掩蓋己方的軍事行動。這是一種表面友善而暗藏殺機的謀略。

　　戰國時期，秦國為了對外擴張，奪取地勢險要的黃河崤山一帶，派公孫鞅為大將，率兵攻打魏國。公孫鞅大軍直抵魏國吳城城下。這吳城原是魏國名將吳起苦心經營之地，地勢險要，工事堅固，正面進攻很難奏效。公孫鞅苦苦思索攻城之計。他探到守將是與自己曾經有過交往的魏國公子，心中大喜，馬上修書一封，主動與之套關係。信中說，雖然我們倆現在各為其主，但考慮到我們過去的交情，還是兩國罷兵，訂立和約為好。念舊之情，溢於言表。他還建議約定時間會談議和大事。信送出後，公孫鞅還擺出主動撤兵的姿態，命令秦軍前鋒立即撤回。魏國公子看罷來信，又見秦軍退兵，非常高興，馬上回信約定會談日期。公孫鞅見他已落入圈套，暗地在會談之地設下埋伏。會談那天，魏國公子帶了三百名隨從到達約定地點，見公孫鞅帶的隨從更少，而且全部沒帶兵器，更加相信

銅戈 戰國

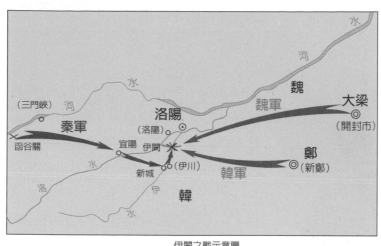

伊闕之戰示意圖

對方的誠意。會談氣氛十分融洽，兩人重敘昔日
友情，表達雙方交好的誠意。公孫鞅還擺宴款待
公子。魏國公子興沖沖入席，還未坐定，忽聽一
聲號令，伏兵從四面包圍過來，他和三百隨從反
應不及，全部被擒。公孫鞅利用被俘的隨從，撞
開吳城城門，佔領吳城。魏國只得割讓西河一
帶，向秦求和。秦國用公孫鞅笑裡藏刀之計輕取
崤山一帶。

| 原 | 書 | 解 | 語 |

信而安之❶，陰以圖之❷；備而後動，勿使有變。剛中柔外也
❸。

【解語注譯】

❶信而安之：信，使相信。安，使對方安心，這裡指不生疑
  心。
❷陰以圖之：陰，暗地裡。
❸剛中柔外：表面柔順，實質強硬。

用計例說

➔ 關雲長大意失荊州

　　三國時期，荊州由於地理位置十分重要，成為兵家必爭之地。西元217年，魯肅病死，孫、劉聯合抗曹的蜜月已經結束。當時關羽鎮守荊州，孫權久存奪取荊州之心，只是時機尚未成熟。不久以後，關羽發兵進攻曹操控制的樊城，怕有後患，留下重兵駐守公安、南郡，保衛荊州。孫權手下大將呂蒙認為奪取荊州的時機已到，但因有病在身，就建議孫權指派當時毫無名氣的青年將領陸遜接替他的職位，駐守陸口。陸遜上任，並不特意求表現，他定下了與關羽假和好、真備戰

呂蒙像

| 原 | 書 | 按 | 語 |

兵書云：「辭卑而益備者，進也；……無約而請和者，謀也。」故凡敵人之巧言令色，皆殺機之外露也。宋曹瑋知渭州，號令明肅，西夏人憚之。一日瑋方對客弈棋，會有叛卒數千，亡奔夏境。堠騎（騎馬的探子）報至，諸將相顧失色。公言笑如平時，徐謂騎曰：「吾命也，汝勿顯言。」西夏人聞之，以為襲己，盡殺之。此臨機應變之用也。若句踐之事夫差，則竟使其久而安之矣。

【按語闡釋】

　　宋朝將領曹瑋，聞知有人叛變投奔西夏，非但不驚恐，反而隨機應變，談笑自如，不予追捕，說叛逃者是自己有意派到西夏去的。消息傳開，敵人誤認為叛逃者是曹瑋派來的內奸，便將他們全部殺光。曹瑋把笑裡藏刀和借刀殺人之計運用得何其自如！古代兵法早就提醒過：切不可輕信對方的甜言蜜語，要謹防他們暗中隱藏的殺機。此計用於軍事、政治與外交的偽裝上，有時竟能打得對方措手不及，悔之已晚。

的策略。他給關羽寫去一信，信中極力誇耀關羽，稱關羽功高威重，可與晉文公、韓信齊名。自稱一介書生，年紀太輕，難擔大任，要關羽多加指教。關羽讀罷陸遜的信，仰天大笑，說

關羽擒將圖 明 商喜

道：「無慮江東矣！」並馬上從防守荊州的守軍中調出大部人馬，一心一意攻打樊城。陸遜暗地派人向曹操通風報信，約定雙方一起行動，夾擊關羽。孫權認定奪取荊州的時機已經成熟，派呂蒙為先鋒，向荊州進發。呂蒙將精銳部隊埋伏在改裝成商船的戰艦內，日夜兼程，突然襲擊，攻下南郡。關羽得訊，急忙回師，但為時已晚，孫權大軍已佔領荊州。關羽只得退走麥城。

　　古代兵書告誡領導者，沒有文字條約的求和必然有詐，要防止敵方在卑躬屈膝、甜言蜜語的背後加緊戰備、暗藏殺機。

⤷ 趙匡胤杯酒釋兵權

　　宋太祖趙匡胤亦曾導演過一部「笑裡藏刀」的連續劇。

　　起初，趙匡胤佯裝後周忠臣，製造黃袍加身、被眾將強拉做皇帝的把戲，在談笑聲中奪得

宋太祖趙匡胤立像

宋太祖黃袍加身處

後周江山，建立宋王朝。

趙匡胤建立大宋後，唯恐江山被自己的功臣奪走，於是請故將石守信等人飲酒。酒過三巡，宋太祖說：「沒有你們，我不可能有今天，我將永遠銘記你們的恩德。但是做天子也不容易，別人也想得到這個位置，我現在是夜不安枕啊。」群臣大驚，說：「如今天命已定，誰還會有異心？」宋太祖接著說：「你們當然不會有這個異心，但假如有一天你們手下的人弄件黃袍披在你們身上，你們不當皇帝也不行

啊。」石守信等人大驚失色，慌忙請求太祖指條生路。太祖說：「你們何不放棄兵權，去過榮華富貴的日子，我們君臣之間，也可免去一些猜忌。」石守信等人聽了這番恩威並施的話，第二天便主動提出辭職，請求太祖解除他們的兵權。這樣，趙匡胤就在飲酒談笑之間，巧妙地解除了功臣們的兵權，免去心頭之患。

趙匡胤稱帝之初，節度使勢力強大，驕橫跋扈，難以管制，時稱「十兄弟」。趙匡胤將十人召來，每人授佩劍一把，強弓一副，良馬一匹。然後隻身上馬，不帶衛士，和十兄弟到皇宮外林子中去飲酒。幾杯酒後，趙匡胤說：「這裡僻靜無人，你們誰想當皇帝，殺了我，便可以去登基。」十兄弟被鎮住了，一個個不寒而慄，拜伏在地，連聲說：「不敢不敢。」趙匡胤再三催問，他們不敢言語。從此，節度使們對宋太祖順從有加。

李代桃僵

計名探源

　　李代桃僵中的僵，是仆倒的意思。此計語出《樂府詩集‧雞鳴篇》：「桃生露井上，李樹生桃旁。蟲來齧桃根，李樹代桃僵。樹木身相代，兄弟還相忘？」本意是指兄弟要像桃李共患難一樣相互幫助，相互友愛。此計用在軍事上，指在敵我雙方勢均力敵、或者敵優我劣的情況下，用小的代價，換取大勝利的謀略。很像在象棋比賽中「捨車保帥」的戰術。

　　戰國後期，趙國北部經常受到匈奴及東胡、林胡等部騷擾，邊境不寧。趙王派大將李牧鎮守北部門戶——雁門。李牧上任後，日日殺牛宰羊，犒賞將士，只許堅壁自守，不許與敵交鋒。匈奴摸不清底細，也不敢貿然進犯。李牧加緊訓練部隊，養精蓄銳，幾年後，兵強馬壯，士氣高昂。西元前250年，李牧準備出擊匈奴。他派少數士兵保護邊寨百姓出去放牧。匈奴人見狀，派出小股騎兵前去劫掠，李牧的士兵與敵騎交手，假裝敗退，丟下一些人和牲畜。匈奴人占得便宜，得勝而歸。匈奴單于心想，李牧從來不敢出城征戰，果然是一個不堪一擊的膽小之徒。於是親率大軍直逼雁門。李牧早料到驕兵之計已經奏效，於是嚴陣以待，兵分三路，給匈奴單于準備了一

繁陽劍 戰國

平肩圓刃鉞 戰國

匈奴武士像

個大口袋。匈奴軍輕敵冒進，被李牧分割成幾處，逐個圍殲。單于兵敗，落荒而逃，其國遂滅。李牧用小小的損失，換得了全局的勝利。

用計例說

➲犧牲親子　程嬰義救趙氏孤兒

　　春秋時期，晉國大奸臣屠岸賈鼓動晉景公誅滅對晉國有功的趙氏家族。屠岸賈率三千人把趙府團團圍住，將全家老小，殺得一個不留。幸好趙朔之妻莊姬公主已被秘密送進宮中。屠岸賈聞訊欲趕盡殺絕，要晉景公殺掉公主。景公念在姑侄情份，不肯殺公主。公主已懷有身孕，屠岸賈見景公不殺她，就設下斬草除根之計，準備殺掉嬰兒。公主生下一男嬰，屠岸賈親自帶人入宮搜查，公主將嬰兒藏在褲內，躲過了搜查。屠岸賈

|原|書|解|語|

勢必有損，損陰以益陽❶。

【解語注譯】

❶ 損陰以益陽：陰，此指某些細微局部的事物。陽，此指整體意義上的、全面性的事物。這是說在軍事謀略上，如果暫時要以某種損失、失利為代價才能取得最終勝利，指揮者應當機立斷，以某些局部或暫時的犧牲，去保全或爭取全局的、整體性的勝利。這是運用中國古代陰陽學說的陰陽相生相剋、相互轉化的道理而制定的軍事謀略。

估計嬰兒已偷送出宮，立即懸賞緝拿。趙家忠誠
門客公孫杵臼與程嬰商量救孤之計：如能將一嬰
兒與趙氏孤兒對換，自己帶這嬰兒逃到首陽山，
程便去告密，讓屠賊搜到假趙氏遺孤，方才會停
止搜捕，趙氏嫡脈才能保
全。程嬰的妻子此時正生一
男嬰，他決定用親子替代趙氏孤兒。

莊姬公主

他以大義說服妻子忍著悲痛把兒子讓公孫杵臼帶
走了，並且依計向屠岸賈告密。屠賊迅速帶兵追
到首陽山，在公孫杵臼居住的茅屋，搜出一個用
錦被包裹的男嬰。於是屠賊摔死了嬰兒，認為已
經斬草除根，從此放鬆了警戒。在忠臣韓厥的幫
助下，一個心腹假扮醫生，入宮給公主看病，用
藥箱偷偷把嬰兒帶出宮外。程嬰雖已聽說自己的
兒子被屠賊摔死，但強忍悲痛，帶著孤兒逃往外

盾形玉飾 春秋

| 原 | 書 | 按 | 語 |

我敵之情，各有長短。戰爭之事，難得全勝，而勝負之訣，即
在長短之相較，乃有以短勝長之祕訣。如以下駟敵上駟，以上
駟敵中駟，以中駟敵下駟之類：則誠兵家獨具之詭謀，非常理
之可測也。

【按語闡釋】

　　兩軍對峙，敵優我劣或勢均力敵的情況很多。如果領導者
想法正確，常可變劣勢為優勢。李代桃僵，就是趨利避害。領
導的高明之處，是要會「算帳」。古人云：「兩利相權從其
重，兩害相衡趨其輕。」以少量的損失換取較大的勝利，這就
是李代桃僵之計的真意。

齊國殉馬坑 戰國

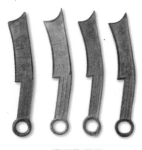

齊刀幣 戰國

地。過了十五年,孤兒長大成人,知道自己的身世後,在韓厥的幫助下,起兵討賊,殺了奸臣屠岸賈,報了大仇。

程嬰見趙氏大仇已報,沈冤已雪,不肯獨享富貴,於是拔劍自刎。他與公孫杵臼合葬一墓,後人稱爲「二義塚」。

●孫臏獻計 田單賽馬一輸二贏

戰國時期,孫臏因受龐涓陷害被削去膝蓋骨之後,在齊國大使的幫助下從魏國逃到齊國,住在大將田忌家中,被田忌奉爲上賓。田忌喜歡賽馬,多次與齊國貴族公子行賭,但總是失敗。孫臏仔細研究了雙方賽馬的情況之後,對田忌說:「你再去賽馬,我一定能使你獲勝。」田忌深信不疑,就與齊王及諸公子以千金作賭注再賽一次馬。到比賽時,孫臏對田忌說:「現在您用下等馬對他們的上等馬,用您的上等馬對他們的中等馬,用您的中等馬對他們的下等馬。」賽了三次,結果田忌的馬輸一次贏了兩次,得到了齊王的千金賞賜。田忌見孫臏見識不凡,便把他推薦給齊王,當了軍師。

第十二計

順手牽羊

謝安像

計名探源

　　順手牽羊是看準敵方在移動中出現的漏洞，抓住弱點，乘虛而入獲取勝利的謀略。古人云：「善戰者，見利不失，遇時不疑。」意思是要捕捉戰機，乘隙爭利。

　　西元383年，前秦統一了黃河流域，勢力強大。前秦王苻堅坐鎮項城，調集九十萬大軍，打算一舉殲滅東晉。他派其弟苻融爲先鋒攻下壽陽，初戰告捷。苻融判斷東晉兵力不多並且嚴重缺糧，建議苻堅迅速進攻東晉。苻堅聞訊，不等大軍齊集，立即率幾千騎兵趕到壽陽。東晉將領謝安得知前秦百萬大軍尚未齊集，決定抓住時機，擊敗敵方前鋒，挫敵銳氣。於是派謝石爲大將軍，馬上統兵出征。謝石先派勇將劉牢之率精兵五萬，強渡洛澗，殺了前秦守將梁成。劉牢之

|原|書|解|語|

微隙在所必乘❶，微利在所必得。少陰，少陽❷。

【解語注譯】

❶ 微隙在所必乘：微隙，微小的空隙，指敵人的某些漏洞、疏忽。

❷ 少陰，少陽：少陰，此指敵方小的疏漏；少陽，指我方小的得利。此句意爲我方要善於捕捉時機，伺隙搗虛，將敵方小的疏漏化爲我方小的勝利。

戰陣圖 東晉

騎馬陶俑 東晉

乘勝追擊，重創前秦軍。謝石率師渡過洛澗，順淮河而上，抵達淝水一線，駐紮在八公山邊，與駐紮在壽陽的前秦軍隔岸對峙。苻堅見東晉陣勢嚴整，立即命令堅守河岸，等待後續部隊。

　　謝石決定速戰速決，於是決定用激將法激怒驕狂的苻堅。他派人送去一信，信中說道，我要與你決一雌雄，如果你不敢決戰，還是趁早投降為好。如果你有膽量與我決戰，你就暫退一箭之地，讓我渡河與你比個輸贏。苻堅大怒，決定暫退一箭之地，等東晉部隊渡到河中間，再回兵出擊，將晉兵全殲水中。他哪裡料到此時秦軍士氣低落，撤軍令下，頓時大亂。秦兵爭先恐後，人馬衝撞，亂成一團，怨聲四起。這時指揮已經失靈，幾次下令停止退卻，但如潮水般撤退的人馬已成潰敗之勢。這時謝石指揮東晉兵馬，迅速渡

|原|書|按|語|

大軍動處，其隙甚多，乘間取利，不必以勝。勝固可用，敗亦可用。

【按語闡釋】

　　大部隊在運動的過程中，漏洞肯定很多。比如，大兵急促前進，各部運動速度不同，給養可能造成困難，協調可能不靈，戰線拉得越長，可乘之隙一定越多。看準敵人的空隙，抓住時機一擊，只要有利，不一定完全取勝也行。這個方法，勝利者可以運用，失敗者也可以運用；強大的一方可以運用，弱小的一方也可以運用。戰爭史上一方經常用小股遊擊隊，鑽進敵人的心臟，神出鬼沒打擊敵人，攻敵薄弱處，隨手得利。這樣用順手牽羊法取勝的例子，不勝枚舉。

河，乘敵大亂之際，奮力追殺。前秦先鋒苻融在亂軍中被東晉軍殺死，苻堅也中箭受傷，慌忙逃回洛陽。前秦大敗。淝水之戰，東晉軍抓住戰機，乘虛而入，是古代戰爭史上以弱勝強的著名戰例。

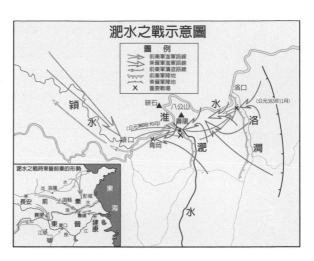

淝水之戰示意圖

用計例說

⊃ 伺隙搗虛　李愬夜襲蔡州

　　唐朝中期，各節度使都擁有軍事、經濟大權，根本不把朝廷放在眼裡。蔡州節度使的兒子吳元濟在父死之後，起兵叛亂。唐憲宗派大將李愬擔任唐朝節度使，剿滅吳元濟。

　　李愬到任，便放出假消息，說自己是個懦弱無能的人，朝廷派來只是為了安頓地方秩序。至於攻打吳元濟，並與己無關。吳元濟觀察了李愬的動靜，見他毫無進攻之意，也就不把李愬放在心上了。

　　其實李愬一直在思考攻打吳元濟老巢蔡州的策略。他擒獲了吳元濟手下的大將李

李愬像

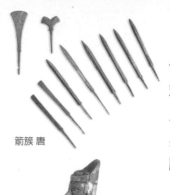

箭簇 唐

騎兵俑 東晉

唐軍平蔡州示意圖

佑，對他禮遇有加，感動了李佑。李佑告訴李愬，吳元濟的主力部隊都部署在洄曲一帶以防止官軍進攻，而防守蔡州城的不過是些老弱殘兵。蔡州是吳元濟最大的弱點，如果出奇制勝，應該迅速直搗蔡州，活捉吳元濟。

李愬在一個下雪天的傍晚，率領精兵抄小路，神奇地直抵蔡州城邊，趁守城士兵呼呼大睡時，爬上城牆，殺了守兵，打開城門，部隊靜悄悄地攻進了城。等吳元濟從睡夢中驚醒，發現宅第已被圍困，負隅頑抗，最終還是被捉。李愬將吳元濟押入囚車，押往長安。駐紮在洄曲的董重質見大勢已去，也向李愬投降。

●風聲鶴唳　苻堅兵敗淝水

前秦皇帝苻堅控制北方後，積極向南方擴張，欲取江、淮廣大地區，滅亡東晉。西元383年，苻堅親率九十萬大軍南下，東晉以八萬兵力迎擊，幾經交戰，雙方在淝水相持起來。秦軍沿淝水西岸布陣防禦，晉軍不能渡河。於是晉軍決定採用「順手牽羊」之策消滅敵人。

晉軍派人送信給苻堅的弟弟苻融：「你率兵深入晉地，

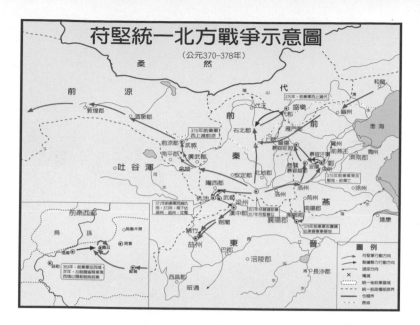

符堅統一北方戰爭示意圖

（公元370~378年）

卻沿淝水布陣，這是持久作戰的辦法，不是速戰速決的打算，如果你把秦軍稍向後撤，讓出一塊地方，使晉軍渡過淝水，兩軍決一勝負，不是很好嗎？」秦軍諸將都說：「我眾敵寡，不如憑藉淝水布陣設防，使晉軍不得過來，可以萬全！」但符堅卻說：「可以稍退一步，讓他渡過淝水，等他們人馬正在渡河的時候，用騎兵夾擊砍殺，必能取勝。」符融也以爲他說得對，於是指揮秦軍後撤。這一撤，便止不住了。晉軍乘勢搶渡淝水，展開猛烈攻擊，符融見勢不妙，急忙馳馬趕到後面整頓部隊，結果馬倒人落，被晉兵殺死。秦兵於是全線崩潰。晉軍乘勝追擊，秦兵自相踐踏死傷無數，晉軍又在秦軍後面大呼：「秦軍敗了！」秦軍聽了跑得更快，風聲鶴唳，草木皆兵，於是不停地跑，在野外露宿，加上饑凍，死了十分之七、八，符堅也中箭負傷，單騎逃回洛陽。

　　淝水之戰，促使前秦王朝迅速瓦解，導致了中國歷史上南北朝對峙的局面。

攻戰計

攻戰計

第 十 三 計

打草驚蛇

秦穆公像

計名探源

打草驚蛇,語出段成式《酉陽雜俎》:唐代王魯任當塗縣縣令,搜刮民財,貪污受賄。有一次,縣民控告他的部下主簿貪贓。他見到狀子,十分驚駭,情不自禁地在狀子上批了八個字:「汝雖打草,吾已驚蛇。」

打草驚蛇作為謀略,是指敵方兵力沒有暴露,行蹤詭秘,意向不明時,切切不可輕敵冒進,應當查清敵方主力配置、活動狀況再說。

雲紋銅戈 春秋

西元前627年,秦穆公發兵攻打鄭國,他打算和埋伏在鄭國的奸細裡應外合,奪取鄭國都城。大夫蹇叔認為秦國離鄭國路途遙遠,興師動眾長途跋涉,鄭國肯定會做好迎戰準備。秦穆公不聽,派孟明視等三帥率部出征。蹇叔在部隊出發時,痛哭流涕地警告說,恐怕你們這次襲鄭不成,反會遭到晉國的埋伏,只有到崤山去給士兵收屍了。果然不出蹇叔所料,鄭國得到了秦國襲鄭的情報,逼走了秦國的奸細,做好了迎敵準備。秦軍見襲鄭不成,只得回師,但部隊長途跋涉,十分疲憊。部隊經過崤山時,毫無防備意識。他們以為秦國曾對晉國剛死不久的晉文公有恩,晉國不會攻打秦軍。但他們哪裡知道,晉國早在崤山險峰峽谷中埋伏了重兵。一個炎熱的

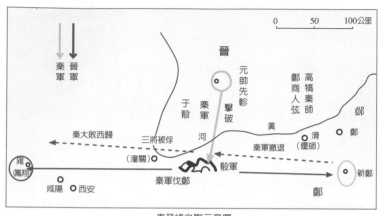

秦晉崤之戰示意圖

中午，秦軍發現晉軍一小支部隊，孟明視十分惱怒，下令追擊。追到山隘險要處，晉軍突然不見蹤影。孟明視一見此地山高路窄，草深林密，情知不妙。這時鼓聲震天，殺聲四起，晉軍伏兵蜂擁而上，大敗秦軍，生擒孟明視等三帥。秦軍不察敵情，輕舉妄動，「打草驚蛇」，終於遭到慘敗。當然，軍事上有時也可故意「打草驚蛇」誘敵暴露，從而取得戰鬥的勝利。

|原|書|解|語|

疑以叩實❶，察而後動；復者❷，陰之媒也❸。

【解語注譯】

❶ 疑以叩實：叩，問，查究。意爲發現了疑點就應當查訪研究清楚。

❷ 復者：反覆去做，即反覆查清楚而後動。

❸ 陰之媒也：陰，此指某些隱藏著的、暫時尚不明顯或未暴露的事物或情況。媒，媒介。「復者，陰之媒也」，意即反覆查究，而後採取相應的行動，實際是發現隱藏之敵的重要手段。

明崇禎皇帝像

用計例說

⇒李自成大破開封

崇禎皇帝玉璽 明

　　李自成起義部隊逐步壯大，所向披靡，西元1642年，圍困明朝開封城。

　　崇禎連忙調集各路兵馬，援救開封。李自成部隊已完成了對開封的包圍部署，正待進攻，敵人二十五萬兵馬和一萬輛炮車增援開封，集中在離開封西南四十五里的朱仙鎮。李自成爲了不讓援軍與開封守軍合爲一股，在開封和朱仙鎮分別布置了兩個包圍圈，把敵軍分割開來。又在南方交通線上挖了一條長

| 原 | 書 | 按 | 語 |

敵力不露，陰謀深沈，未可輕進，應遍揮其鋒。兵書云：「軍旁有險阻、潢井、葭葦、山林、翳薈者，必謹復索之，此伏奸所藏也。」（《孫子·行軍篇》）

【按語闡釋】

　　兵法早已告誡指揮者，進軍的路旁，如果遇到險要地勢、坑地水窪、蘆葦、密林、野草遍地，一定不能麻痹大意，稍有不慎，就會「打草驚蛇」而被埋伏之敵所殲。可是，戰場情況複雜，變化多端，有時己方巧設伏兵，故意「打草驚蛇」，讓敵軍中計的戰例也層出不窮。

　　打草驚蛇之計，一則指對於隱蔽的敵人，己方不得輕舉妄動，以免敵方發現我軍意圖而採取主動；二則指用佯攻助攻等方法「打草」，引蛇出洞，使其中我埋伏，然後聚而殲之。

百里、寬一丈六
尺的大壕溝，一
斷敵軍糧道，二
斷敵軍退路。敵
軍各路兵馬，貌
合神離，心懷鬼
胎，互不買帳。
李自成兵分兩
路，一路突襲朱
仙鎮南部的虎大
威的部隊，造成
「打草驚蛇」之
勢，一路牽制力
量最強的左良玉
部隊。擊潰虎大
威部後，左良玉
果然因被圍困得
難以脫身，人馬

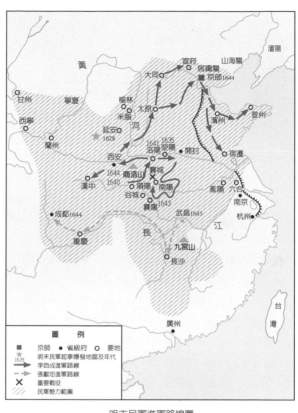

明末民軍進軍路線圖

損失過半，拼命往西南突圍。
李自成故意放開一條路，讓敗
軍潰逃。左良玉退了幾十里地
又遇截擊，面對李自成挖好的
大壕溝，馬過不去，士兵只得
棄馬過溝，倉皇逃命。這時李
自成部署在此地的伏兵迅速出
擊，很快把左良玉的軍隊打得

人仰馬翻，屍填溝塹，全軍覆
沒。

◑甘露寺東吳招親

　　三國時諸葛亮用計，幫
劉備「借」走了荊州。周瑜為
了討回荊州，設下一計，派呂
範前往荊州說媒，提出要劉備

甘露寺東吳招親 年畫

到東吳入贅，娶孫權之妹為妻。為的是把劉備騙來拘禁，若不把荊州來換，便殺了劉備。周瑜此計，對諸葛亮來說「正中下懷」。他要劉備應允下來，並依從了周瑜的安排，去了江東。諸葛亮交給隨行的趙雲三個錦囊妙計，第一個就是讓隨行的軍士披紅掛彩，大張旗鼓，在城裡買辦物品，大肆宣傳，讓全城的人都知道吳國太嫁女給劉備。劉備牽羊擔酒去拜見周瑜的丈人喬國老，告訴他入贅的事。喬國老便入府向吳國太祝賀。但吳國太還蒙在鼓裡，立即派人找孫權來問個明白。得知是周瑜之計，吳國太大為惱怒，大罵周瑜：「他當了六郡大都督，無計討還荊州，卻使我女兒做美人計。殺了劉備，我女兒便是望門寡，誤了我女兒一世！」喬國老也說：「若用此計討還荊州，必被天下人恥笑！此事如何行得？」說得孫權默默無語，最後只得依從母命，將妹妹嫁給了劉備。最後劉備帶著夫人離開江東，讓周瑜賠了夫人又折兵。劉備手下人在城裡大肆張揚，謂之「打草」，孫權無法應付母親，只得將妹妹嫁給劉備，謂之「驚蛇」。

第 十 四 計

借屍還魂

計名探源

　　借屍還魂，原意是說已經死亡的東西，又借助某種形式得以復活。用在軍事上，是指利用、支配那些沒有作為的勢力來達到我方目的的策略。戰爭中常發生這類情況，對雙方都有用的勢力，往往難以駕馭，很難加以利用。而沒有什麼作為的勢力，往往要尋求靠山。這個時候，利用控制這部分勢力，往往可以達到取勝的目的。

|原|書|解|語|

有用者，不可借❶；不能用者，求借❷。借不能用者而用之，匪我求童蒙，童蒙求我❸。

【解語注譯】

❶ 有用者，不可借：意為世間許多看上去很有用處的東西，往往不容易駕馭，為己所用。

❷ 不能用者，求借：此句意與上句相對言之。即有些看上去無甚用途的東西，有時往往還可以借助它使其為己發揮作用。猶如我欲「還魂」還必得借助看似無用的「屍體」的道理。此言兵法，是說兵家要善於抓住一切機會，甚至是看上去無甚用處的東西，努力爭取主動，壯大自己，及時採取行動變不利為有利，乃至轉敗為勝。

❸ 匪我求童蒙，童蒙求我：語出《易經》蒙卦。蒙卦是異卦相疊（下坎上艮）。本卦上卦為艮為山，下卦為坎為水為險。山下有險，草木叢生，故說「蒙」。這是蒙卦卦象。這裡「童蒙」是指幼稚無知、求師教誨的兒童。此句意為不是我求助於愚昧之人，而是愚昧之人有求於我。

青銅武士頭 秦

　　秦朝施行暴政，天下百姓「欲爲亂者，十室有五」。大家都有反秦的願望，但是如果沒有強有力的領導者和組織者，也難成大事。秦二世元年，陳勝、吳廣被徵到漁陽戍邊。當這些戍卒走到大澤鄉時，連降大雨，道路被水淹沒，眼看無法按時到達漁陽了。秦朝法律規定，凡是不能按時到達指定地點的戍卒，一律處斬。陳勝、吳廣知道，即使到達漁陽，也會誤期被殺，不如一拼，尋求一條活路。他們知道同去的戍卒也都有這種想法，正是舉兵起義的大好時機。陳勝又想到，自己地位低下，恐怕沒有號召力。當時有兩位名人深受人民尊敬，一個是秦始皇的大兒子扶蘇，溫良賢明，已被陰險狠毒的秦二世暗中殺害，老百姓卻不知情；另一個是楚將項燕，功勳卓著，愛護將士，威望極高，在秦滅六國之後不

｜原｜書｜按｜語｜

換代之際，紛立亡國之後者，固借屍還魂之意也。凡一切寄兵權於人，而代其攻守者，皆此用也。

【按語闡釋】

　　歷史上常有這種情況，在改朝換代的時候，都喜歡推出亡國之君的後代，打著他們的旗號，來號召天下。用這種「借屍還魂」的方法，達到奪取天下的目的。在軍事上，指揮官一定要善於分析戰爭中各種力量的變化，善於利用一切可以利用的力量。有時，我方即使受挫，處於被動局面，但如果善於利用敵方矛盾，利用一切可以利用的力量，也能夠變被動爲主動，改變戰爭形勢，達到取勝的目的。

知去向。於是陳勝公開打出他們的旗號,以期能
夠得到大家的擁護。他們還利用當時人們的迷信
心理,巧妙地做了其他安排。有一天,士兵做飯
時,在魚腹中發現一塊絲帛,上寫「陳勝王」(這
個王字是稱王的意思),士兵大驚,暗中傳開。
吳廣又趁夜深人靜之時,在曠野荒廟中學狐狸
叫,士兵們還隱隱約約地聽到空中有「大楚興,
陳勝王」的叫聲。他們以為陳勝不是一般的人,
肯定是承「天意」來領導大家的。陳勝、吳廣見
時機已到,率領戍卒殺死朝廷派來的將尉。陳勝
登高一呼,揭竿而起。他說:我們反正活不成
了,不如和他們拼個你死我活,就是死,也要死
出個樣兒來。於是,陳勝自號為將軍,吳廣為都
尉,攻佔大澤鄉。後來,部下擁立陳勝為王,國
號「張楚」。

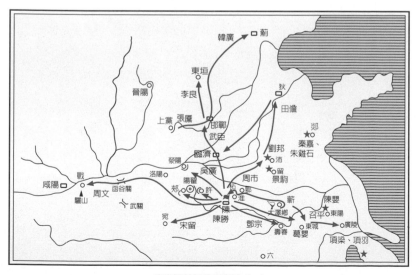

秦末民兵起義示意圖(一)

用計例說

⊃引狼入室　劉璋痛失益州

　　赤壁大戰之後，劉備勢力增強，但還不具備雄厚的實力。他和孫權都把眼睛盯住四川，那裡地理位置好，資源豐富，是個可以大展宏圖的好地方。但是，曹操統一中原的決心已定，虎視眈眈，牽制住了孫權的力量。劉備、孫權一時都無法對四川下手。西元215年，曹操進攻漢中，張魯降曹，益州劉璋集團形勢危急。這時，劉璋集團內部爭權奪利，分崩離析。劉璋深怕曹操進攻四川，心想，不如請劉備來，共同抵禦曹操。劉備得訊，正中下懷，喜不自勝，這不正是他進軍四川的大好時機嗎？他派關羽留守荊州，親自率步

劉備像

三國蜀道遺址　　　　　　　　　　　古蜀道

卒萬人進入益州。劉璋推舉劉備爲大司馬領司隸校尉，自己爲鎮西大將軍兼益州牧。

　　劉備、劉璋的這段「蜜月」肯定長不了。一日，劉備接到荊州來信，說曹操興兵侵犯孫權。劉備請劉璋派三萬精兵、十萬斛軍糧前去助戰。劉璋怕削弱了自己的力量，只同意派三千老兵出川。劉備乘機大罵劉璋，我爲你抵禦曹操，你卻吝惜錢財。我怎能和你這種人合作共事！於是向劉璋宣戰，乘勝直搗成都，完成了佔領四川的計劃。劉備就是借劉璋這個「屍」，擴充了實力，佔據了四川，爲以後建國打下基礎的。

一呼百應　陳勝揭竿而起

銅劍 秦

　　西元前209年7月，陽城人陳勝、陽夏人吳廣等九百人被徵戍守漁陽，行進之中天降大雨，道路被阻，估計難以如期到達目的地。按秦時法律，被徵者沒有按時到達，都要被處死。陳勝、吳廣商議：既然難免一死，還不如起義與秦拼個你死我活。

　　陳勝說：「天下人早就受夠了秦朝暴政的苦難，如果借公子扶蘇和楚將項燕之名揭竿反秦，回應的人一定很多。」

　　公子扶蘇是秦始皇的長子，本應由他繼承王位，由於他多次對秦王的殘暴

陳勝像

秦末民兵起義示意圖（二）

首先用朱砂在絲帛上寫上「陳勝王」，將它放在魚肚中，士卒買回這條魚，剖開發現絲帛，大為驚異。吳廣半夜跑到附近的荒廟中，點上篝火，學狐狸叫：「大楚興，陳勝王。」士兵們聽到叫聲，以為是天意。

陳勝、吳廣殺了兩個帶隊的將尉，號召士卒舉起義旗，死裡求生。士卒們表示願意服從。陳勝、吳廣便順應民意，借扶蘇和項燕之名正式起義，立號「大楚」。陳勝為將軍，吳廣為都尉。義軍一舉攻下數城，陳勝被立為王，國號「張楚」。

提出意見，被父親派到偏遠地區守邊防去了。其弟秦二世即位後，將他殺害。很多老百姓都知道他的賢德，並不知道他已經死了。項燕是楚國大將，屢建戰功而體恤下士，深得楚國人的崇拜。

主意既定，陳勝、吳廣聽從占卜者之言，先造聲威。

第十五計

調虎離山

計名探源

　　調虎離山，此計用在軍事上，是一種調動敵人的謀略。它的核心在一「調」字。虎，指敵方。山，指敵方佔據的有利地勢。如果敵方佔據了有利地勢，並且兵力眾多，防範嚴密，此時，我方不可硬攻。正確的方法是設計相誘，把敵人引出堅固的據點，或者把敵人誘入對我軍有利的地區，這樣做才可以取勝。

　　東漢末年，軍閥並起，各霸一方。孫堅之子孫策，年僅十七歲，年少有為，繼承父志，勢力逐漸強大。西元199年，孫策欲向北推進，準備奪

|原|書|解|語|

待天以困之❶，用人以誘之❷，往蹇來連❸。

【解語注譯】

❶ 天以困之：天，指自然的各種條件或情況。此句意為戰場上我方等到天然的條件或情況對敵方不利時，再去圍困他。

❷ 用人以誘之：用人為的假象去誘惑他（指敵人），使他就範。

❸ 往蹇來連：語出《易經》蹇卦。蹇卦為異卦相疊（艮下坎上）。上卦為坎為水，下卦為艮為山。山上有水流，山石多險，水流曲折，指行道之不容易，這是本卦的卦象。蹇，困難；連，艱難。這句意為：往來皆難，行路困難重重。

　　此計運用這個道理，是說戰場上若遇強敵，要用假象使敵人離開駐地，誘他就範，使他的優勢喪失，寸步難行，由主動變為被動，而我則出其不意獲取勝利。

孫策像

取江北盧江郡。盧江郡南有長江之險，北有淮水阻隔，易守難攻。佔據盧江的軍閥劉勳勢力強大，野心勃勃。孫策知道，如果硬攻，取勝的機會很小。他和眾將商議，想出了一條調虎離山的妙計。針對軍閥劉勳極其貪財的弱點，孫策派人給劉勳送去一份厚禮，在信中把劉勳大肆吹捧了一番。信中說劉勳功名遠播，令人仰慕，並表示要與劉勳交好。孫策還以弱者身份向劉勳求救。他說，上繚經常派兵侵擾我們，我們力量薄弱，不能遠征，請求將軍發兵降服上繚，我們感激不盡。劉勳見孫策極力討好他，萬分得意。上繚一帶，十分富庶，劉勳早想奪取，今見孫策軟弱無能，免去了後顧之憂，決定發兵上繚。部將劉曄極力勸阻，劉勳哪裡聽得進去？

| 原 | 書 | 按 | 語 |

兵書曰：「下政攻城。」若攻堅，則自取敗亡矣。敵既得地利，則不可爭其地。且敵有主而勢大：有主，則非利不來趨；勢大，則非天人合用，不能勝。

【按語闡釋】

《孫子兵法》早就指出，不顧條件地去攻城池是下等策略，是會失敗的。敵人既然已佔據了有利地勢，又做好了應戰的準備，就不該與他爭地。應該巧妙地用小利去引誘敵人，把敵人誘離堅固的防地，引誘到對我軍有利的戰區，我方可以變被動為主動，利用天時、地利、人和等條件，擊敗敵人。

他已經被孫策的厚禮和甜言迷惑住了。孫策時刻
監視劉勳的行動，見劉勳親自率領幾萬兵馬去攻
上繚，城內空虛，心中大喜，說：「老虎已被我
調出山了，我們趕快去佔據它的老窩吧！」於是
立即率領人馬，水陸並進，襲擊盧江，幾乎沒遇
到什麼抵抗，就十分順利地控制了盧江。劉勳猛
攻上繚，一直不能取勝。突然得報，孫策已取盧
江，情知中計，但已經來不及了，只得灰頭土臉
地投奔曹操。

用計例說
⊃ 日夜兼程　虞詡平羌亂

　　東漢末期，北邊羌人叛
亂。朝廷派虞詡平定叛亂，虞
詡的部隊在陳倉崤谷一帶受到
羌人阻截。這時，羌人士氣正
旺，又佔據有利地勢，虞詡不
能強攻，又不能繞道，真是進
退兩難。虞詡決定騙羌人離開
堅固的據點，他命令部隊停止
前進，就地紮營。對外宣稱行
軍受阻，向朝廷請派增援部
隊。羌人見虞詡已停止前進，
等待增援部隊，就放鬆了戒
備，紛紛離開據點，到附近劫
掠財物去了。虞詡見敵人離開

虞詡像

了據點，下令部隊急行軍，日夜兼程，每日超過百里。他命令在急行軍時，沿途增加灶的數量，今日增灶，明日增灶，敵人誤以為朝廷援軍已到，自己的力量又已經分散，不敢輕易出擊。虞詡順利地通過陳倉崤谷，轉入外線作戰，羌人在時間和空間上都轉入被動局面，不久羌人叛亂被平定。

⭢ 裡應外合　夏侯戰關公

東漢末年，曹操為了攻取下邳城，採用了程昱的計謀。頭天夜裡，曹操派了數十名降卒投奔下邳，關羽以為是被打散了的士兵逃回來，絲毫沒有懷疑就留了下來。第二天，夏侯惇帶了五千人馬來到下邳城下戰書。關公大怒，率兵二千出城與夏侯惇交戰。夏邊戰邊退，關公追了二十多里，心上牽掛著下邳的安危，打算撤兵回趕。這時，左右兩側殺出兩隊人馬，關公急於回下邳奮力拼殺，無奈被夏侯惇纏住，一路廝殺，一直戰到天黑，關公被逼到一小山上。曹兵將小山圍住。夜裡關公幾次往下衝，都被亂箭射回。這時的下邳城成了一片火海，曹操已破下邳。

第十六計

欲擒故縱

諸葛亮營 三國

計名探源

欲擒故縱中的「擒」和「縱」是一種矛盾，在軍事上，「擒」是目的，「縱」是方法。古人有「窮寇莫追」的說法，實際上不是不追，而是看怎樣去追。把敵人逼急了，他只得竭盡全力，拼命反撲。不如暫時放鬆一步，使敵人喪失戒心，鬥志鬆懈，然後再伺機而動，殲滅敵人。

諸葛亮七擒孟獲，就是軍事史上一個「欲擒故縱」的絕妙戰例。

蜀漢建立之後，定下北伐大計。當時西南夷酋長孟獲率十萬大軍侵犯蜀國。諸葛亮為了解決北伐的後顧之憂，決定親自率兵先平孟獲。蜀軍

| 原 | 書 | 解 | 語 |

逼則反兵，走則減勢❶。緊隨勿迫，累其氣力，消其鬥志，散而後擒，兵不血刃。需，有孚，光❷。

【解語注譯】

❶ 逼則反兵，走則減勢：走，跑。逼迫敵人太緊，他可能因此死命反撲，若讓他逃跑則可削弱他的氣勢。

❷ 需，有孚，光：語出《易經》需卦。需卦為異卦相疊（乾下坎上）。需的下卦為乾為天，上卦為坎為水，是降雨在即之象，也象徵存在一種危險（因為「坎」有險之意），必得去突破它，但突破危險又要善於等待。「需」，等待。需卦辭：「需，有孚，光享。」孚，誠心。光，通廣。句意為：要善於等待，要有誠心（包括耐心），就會大吉大利。

諸葛亮像

主力到達瀘水（今金沙江）附近，誘敵出戰，事先在山谷中埋下伏兵，孟獲被誘入伏擊圈內，兵敗被擒。

　　按說，擒拿敵軍主帥的目的已經達到，敵軍一時也不會有很強的戰鬥力了，乘勝追擊，自可大破敵軍。但是諸葛亮考慮到孟獲在西南夷中威望很高，影響很大，如果讓他心悅誠服，主動請降，就能使南方真正穩定。不然的話，南夷各個部落仍不會停止侵擾，後方難以安定。諸葛亮決定對孟獲採取「攻心」戰，斷然釋放孟獲。孟獲表示下次定

|原|書|按|語|

所謂縱者，非放之也，隨之，而稍鬆之耳。「窮寇勿追」，亦即此意。蓋不追者，非不隨也，不迫之而已。武侯之七縱七擒，即縱而躡之，故輾轉推進，至於不毛之地。武侯之七縱，其意在拓地，在借孟獲以服諸蠻，非兵法也。故論戰，則擒者不可復縱。

【按語闡釋】

　　打仗，只有消滅敵人，奪取地盤，才是目的。如果逼得「窮寇」狗急跳牆，己方損兵失地，是不可取的。放他一馬，不等於放虎歸山，目的在於讓敵人鬥志逐漸懈息，體力、物力逐漸消耗，最後己方尋找機會，殲滅敵軍，達到消滅敵人的目的。諸葛亮七擒七縱，決非感情用事，他最終目的是在政治上利用孟獲的影響力，穩住南方，在地盤上，乘機擴大疆土。在軍事謀略上，有「變」、「常」二字。釋放敵人主帥，不屬常例。通常情況下，擒住了敵人不可輕易放掉，免貽後患。而諸葛亮審時度勢，採用攻心之計，七擒七縱，主動權操在自己的手上，最後終於達到目的。這說明諸葛亮深謀遠慮，隨機應變，巧用兵法，是個難得的軍事奇才。

能擊敗蜀軍，諸葛亮笑而不答。孟獲回營，拖走所有船隻，據守瀘水南岸，阻止蜀軍渡河。諸葛亮乘敵不備，從敵人不設防的下游偷渡過河，並襲擊了孟獲的糧倉。孟獲暴怒，要嚴懲將士，激起將士的反抗，於是相約投降，趁孟獲不備，將孟獲綁赴蜀營。諸葛亮見孟獲仍不服，再次將其釋放。以後孟獲又用了許多計策，都被諸葛亮識破，他六次被擒，六次被釋放。最後一次，諸葛亮火燒孟獲的藤甲兵，第七次生擒孟獲。孟獲終於感動了，他真誠地感謝諸葛亮七次不殺之恩，誓不再反。從此，蜀國西南安定，諸葛亮才得以舉兵北伐。

孟獲像

用計例說

⊃石勒先予後取平幽州

西晉末年，幽州都督王浚企圖謀反篡位。晉朝名將石勒聞訊後，打算消滅王浚的部隊。王浚

重裝甲馬作戰圖 西晉
此圖表現了北方戰爭的場面，再現了重裝甲馬與步兵戰的特徵。

勢力強大，石勒恐一時難以取勝。他決定採用「欲擒故縱」之計，鬆懈王浚心防。他派門客王子春帶了大量珍珠寶物，敬獻王浚，並寫信向王浚表示願意擁戴他為天子。信中說，現在社稷衰敗，中原無主，只有你威震天下，有資格稱帝。王子春又在一旁添油加醋，說得王浚心裡喜滋滋的，信以為真。正在這時，王浚有個部下名叫游統，正伺機謀叛王浚。游統想找石勒做靠山，石勒卻殺了游統，將游統首級送給王浚。這一著，使王浚對石勒絕對放心了。

西元314年，石勒探聽到幽州遭受水災，老百姓沒有糧食，王浚不顧百姓生死，苛捐雜稅，有增無減，民怨沸騰，軍心浮動。石勒親自率領部隊攻打幽州。這年四月，石勒的部隊到了幽州城，王浚還蒙在鼓裡，以為石勒來擁戴他稱帝，根本沒有準備應戰。等到他被石勒的將士突然捉住時，才如夢初醒。王浚中了石勒「欲擒故縱」之計，身首異處，美夢成了泡影。

➲ 尚婢婢後發制人戰大夏川

唐朝時，吐蕃鄯州節度使尚婢婢為人寬厚，有勇有謀，深得另一貴族論恐熱的嫉妒。

西元225年，論恐熱陰謀篡權，他害怕尚婢婢襲擊他的後方，想先下手為強，消滅尚婢婢。這年六月，論恐熱率大軍進攻尚婢婢。部隊來到鎮西時，風雨雷電大作，人畜死傷不少。論恐熱不敢輕進。尚婢婢看出論恐熱的意圖和猶豫，派人送上金錢、綢緞、牛羊、

尚婢婢像

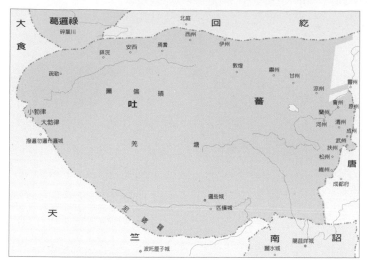

吐蕃疆域圖

美酒等，並致信給他：「相公興仁義之師以挽救國難，全國誰不擁護！您有什麼吩咐，只要派一個人送封信來，我們怎敢不惟命是從！哪裡用得著遠道興師動眾，親自前來呢！我性情愚蠢而且孤僻，只愛讀書，已故君長任命我的官職，確實擔當不起，我朝夕惶恐不安，只求退讓隱居。若蒙相公允許我告老，退居鄉里，就滿足我生平的願望了！」論恐熱見信後大喜，以為尚婢婢是書呆子，就回信答應了尚婢婢的要求，隨即率軍返回。

九月，論恐熱部隊駐在大夏川，尚婢婢帶領精兵強將前去軍營挑釁，令一千騎兵將辱罵論恐熱的信綁在箭上，向其駐地射去。論恐熱大怒，親率數萬人追擊，尚的兵伴敗退走，論恐熱步步緊逼，追了數十里時，尚的伏兵突然發起進攻，將論恐熱的軍隊打得屍橫遍野，只剩下論恐熱一人騎馬逃回。

貴族出行儀仗圖

第十七計

拋磚引玉

計名探源

　　拋磚引玉，出自《傳燈錄》。相傳唐代詩人常建，聽說趙嘏要去遊覽蘇州的靈岩寺。爲了請趙嘏作詩，常建先在廟壁上題寫了兩句，趙嘏見到後，立刻提筆續寫了兩句，而且比前兩句寫得好。後來文人稱常建的這種做法爲「拋磚引玉」。此計用於軍事，是指先用相類似的事物去迷惑、誘騙敵人，使其懵懂上當，中我圈套，然後乘機擊敗敵人的計謀。「磚」和「玉」，是一種形象的比喻。「磚」，指的是小利，是誘餌；「玉」，指的是作戰的目的，即大的勝利。「拋磚」，是爲了達到目的的手段，而「引玉」，才是目的。釣魚需用釣餌，讓魚兒嘗到一點甜頭，它才會上鈎。敵人佔了一點便宜，才會誤入圈套，身不由己。

　　西元前700年，楚國用「拋磚引玉」的策略，輕取絞城。這一年，楚國發兵攻打絞國（今湖北鄖縣西北），大軍行動迅速。楚軍兵臨城下，氣勢旺盛，絞國自知出城迎戰凶多吉少，決定堅守城池。絞城地勢險要，易守難攻。楚軍多次進攻，均被擊退。兩軍相持一個多月。楚國大夫莫傲屈瑕仔細分析了敵我雙方的情況，認爲絞城只可智取。他向楚王獻上一條「以魚餌釣大魚」的

刀具 春秋

計謀。他說：「攻城不下，不如利而誘之。」楚王向他問誘敵之法，屈瑕建議，趁絞城被圍月餘，城中缺少薪柴之時，派些士兵裝扮成樵夫上山打柴運回來，敵軍一

春秋楚長城遺址

定會出城劫奪柴草。頭幾天，讓他們先得一些小利，等他們鬆懈大意，大批士兵出城劫奪柴草之時，先設伏兵斷其後路，然後聚而殲之，乘勢奪城。楚王擔心絞國不會輕易上當，屈瑕說：「大王放心，絞國雖小而輕躁，輕躁則少謀略。有這樣香甜的釣餌，不愁他不上鉤。」楚王於是依計而行，命令一些士兵裝扮成樵夫上山打柴。絞侯聽探子報告有樵夫進山的情況，忙問這些樵夫有無楚軍保護。探子說，他們三三兩兩進山，並無兵士跟隨。絞侯馬上佈置人馬，待「樵夫」背著

| 原 | 書 | 解 | 語 |

類以誘之❶，擊蒙也❷。

【解語注譯】

❶類以誘之：出示某種類似的東西去誘惑他。

❷擊蒙也：語出《易經》蒙卦。參見P75。擊，撞擊，打擊。
句意為：誘惑敵人，便可打擊這種受我誘惑的愚蒙之人了。

柴禾出山之機，突然襲擊，順利得手，抓了三十多個「樵夫」，奪得不少柴草。一連幾天，果然收穫不小。見有利可圖，絞國士兵出城劫奪柴草的越來越多。楚王見敵人已經吞下釣餌，便決定迅速逮大魚。第六天，絞國士兵像前幾天一樣出城劫掠，「樵夫」們見絞軍又來了，嚇得沒命地逃奔，絞國士兵緊緊追趕，不知不覺被引入楚軍的埋伏內。只見伏兵四起，殺聲震天，絞國士兵哪裡抵擋得住，慌忙敗退，又遇伏兵斷了歸路，

| 原 | 書 | 按 | 語 |

誘敵之法甚多，最妙之法，不在疑似之間，而在類同，以固其惑。以旌旗金鼓誘敵者，疑似也；以老弱糧草誘敵者，則類同也。如：楚伐絞，軍其南門，屈瑕曰：「絞小而輕，輕則寡謀，請勿捍（保護）採樵者以誘之。」從之，絞人獲利。明日絞人爭出，驅楚役徒於山中。楚人坐守其北門，而伏諸山下，大敗之，為城下之盟而還。又如孫臏減灶而誘殺龐涓。（《史記》卷六十五〈孫子吳起列傳〉）

【按語闡釋】

　　戰爭中，迷惑敵人的方法多種多樣，最妙的方法不是用似是而非的方法，而是應用極其類似的方法，以假亂真。比如，用旌旗招展、鼓聲震天來引誘敵人，屬「疑似」法，往往難以奏效。而用老弱殘兵或者遺棄糧食柴草之法誘敵，屬「類同」法，這樣做反而更容易迷惑敵人，可以收到效果。因為類同之法更容易造成敵人的錯覺，使其判斷失誤。當然，使用此計，必須充分了解敵方將領的情況，包括他們的軍事水準、心理素質、性格特徵，這樣才能讓此計發揮效力。正如《百戰奇略·利戰》中所說：凡與敵戰，其將愚而不知變，可誘以利，彼貪利而不知害，可設伏兵擊之，其軍可敗。法曰：「利而誘之。」龐涓就是因為驕矜自用，才中了孫臏減灶誘敵之計，死於馬陵道。

死傷無數。楚王此時趁機攻城，絞侯自知中
計，已無力抵抗，只得請降。

用計例說
➲ 契丹騎兵重創唐軍

　　西元690年，契丹攻佔營州。武則天派曹仁
師、張玄遇、李多祚、麻仁節四員大將西征，
想奪回營州，平定契丹。契丹先鋒孫萬榮熟讀
兵書，頗有機謀。他想到唐軍聲勢浩大，正面
交鋒於己不利。他首先在營州製造缺糧的輿
論，並故意讓被俘的唐軍逃跑。唐軍統帥曹仁
師見一路上逃回的唐兵面黃肌瘦，並從他們那
裡得知營州嚴重缺糧，營州城內契丹將士軍心
大亂，心中大喜，認爲契丹不堪一擊，攻佔營

武則天像

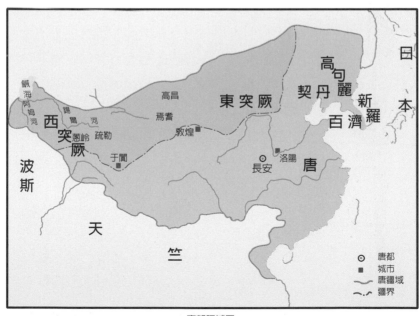

唐朝疆域圖

州指日可待。唐軍先頭部隊張玄遇和麻仁節部，想奪頭功，向營州火速前進。一路上，還見到從營州逃出的契丹老弱士卒，他們自稱營州嚴重缺糧，士兵紛紛逃跑，並表示願意歸降唐軍。張、麻二將更加相信營州缺糧、契丹軍心不穩了。

他們率部日夜兼程，趕到西峽石谷，只見道路狹窄，兩邊是懸崖絕壁。按照用兵之法，這裡正是設埋伏的險地。可是，張、麻二人誤以為契丹士卒早已餓得不堪一擊了，加上奪取頭功的心情驅使，就下令部隊繼續前進。唐軍絡繹不絕，進入谷中，艱難行進。黃昏時分，只聽一聲炮響，絕壁之上，箭如雨下，唐軍人馬自相踐踏，死傷無數。孫萬榮親自率領人馬從四面八方進擊唐軍。唐軍進退不得，前有伏兵，後有騎兵截殺，不戰自亂。張、麻二人被契丹軍生擒。孫萬榮利用搜出的將印，立即寫信報告曹仁師，謊報已經攻克營州，要曹仁師迅速到營州處理契丹戰俘。曹仁師早就輕視契丹，接信後，深信不疑，馬上率部奔往營州。大部隊急速前進，準備很快穿過峽谷，趕往營州。不用說，這支不知敵情的部隊又重蹈覆轍，在西峽石谷遭到契丹伏兵圍追堵截，全軍覆沒。

⊃冒頓單于統一匈奴

西元前207年，匈奴單于部落的太子冒頓初立，這時東邊的東胡部落兵力強盛，看不起冒

契丹鐵矛

頓，對單于部落虎視眈眈。冒頓太子深知自己的處境，爲了表示對東胡部落的友好，把本部落最珍貴的千里馬送給東胡部落。東胡部落更加輕視冒頓，又來索要美女，冒頓不顧部落眾將的反對，又將美女奉上。東胡部落的首領見冒頓軟弱可欺，更是不把冒頓放在眼裡，沒有對單于部落多加防備。結果冒頓突然對東胡部落發起進攻，大獲全勝，從此統一了匈奴部落。

匈奴騎兵帶飾

第十八計

擒賊擒王

計名探源

擒賊擒王，語出唐代詩人杜甫《前出塞》：「挽弓當挽強，用箭當用長。射人先射馬，擒賊先擒王。」此計用於軍事，是指打垮敵軍主力，擒拿敵軍首領，使敵軍徹底瓦解的謀略。擒賊擒王，就是捕殺敵軍首領或者摧毀敵人的首腦機關，使敵方陷於混亂，便於我方徹底擊潰之。

唐朝安史之亂時，安祿山氣焰高熾，連連大捷。安祿山之子安慶緒派勇將尹子奇率十萬勁旅進攻睢陽。御史中丞張巡駐守睢陽，見敵軍來勢洶洶，決定據城固守。敵兵二十餘次攻城，均被擊退。尹子奇見士兵已經疲憊，只得鳴金收兵。

| 原 | 書 | 解 | 語 |

摧其堅，奪其魁，以解其體。龍戰於野，其道窮也❶。

【解語注譯】

❶龍戰於野，其道窮也：語出《易經》坤卦。坤卦是同卦相疊（坤下坤上），爲純陰之卦。

引本卦上六象辭：「龍戰於野，其道窮也。」是說即使是強龍在田野大地之上爭鬥，也是走入了困頓的絕境。比喻戰鬥中擒賊擒王謀略的威力。

晚上，敵兵剛剛準備休息，忽聽城頭戰鼓隆隆，喊聲震天。尹子奇急令部隊準備與衝出城來的唐軍激戰。而張巡「只打雷不下雨」，不停擂鼓，像要殺出城來，卻一直緊閉城門未出戰。尹子奇的部隊被折騰了一整夜，沒有得到休息，將士們疲乏至極，眼睛都睜不開了，倒在地上就呼呼大睡。這時，城中一聲炮響，突然之間，張巡率領守兵衝殺出來。敵兵從夢中驚醒，驚慌失措，亂作一團。張巡一鼓作氣，接連斬殺五十餘名敵將，五千餘名士兵，敵軍大亂。張巡急令部隊擒拿敵軍首領尹子奇，部隊一直衝到敵軍帥旗之下。張巡從未見過尹子奇，根本不認識，現在他又混在敵軍之中，更加難以辨認。張巡心生一計，讓士兵用秸稈削尖作

騎兵俑 唐

攻勝則利不勝取。取小遺大，卒之利、將之累、帥之害、功之虧也。捨勝而不摧堅擒王，是縱虎歸山也。擒王之法，不可圖辨旌旗，而當察其陣中之首動。

【按語闡釋】

戰爭中，打敗敵人，利益是取之不盡的。如果滿足於小勝利而錯過了獲取大勝的時機，那是士兵的勝利，將軍的累贅，主帥的禍害，戰功的損失。打了個小的勝仗，而不去摧毀敵軍主力，不去摧毀敵軍指揮部，捉拿敵軍首領，那就好比放虎歸山，後患無窮。古代交戰，兩軍對壘，白刃相交，敵軍主帥的位置比較容易判定。但也不能排除這樣的情況：敵方失利兵敗，敵人主帥會化裝隱蔽，讓你一時無法認出。

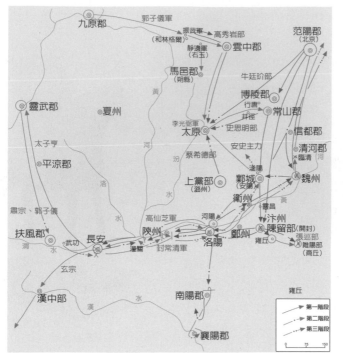

安史之亂示意圖

箭，射向敵軍。敵軍中不少人中箭，他們以爲這下完了。但卻發現，自己中的是秸稈箭，心中大喜，以爲張巡軍中已沒有箭了。他們爭先恐後向尹子奇報告這個好消息。

張巡見狀，立刻辨認出了敵軍首領尹子奇，急令部將神箭手南霽雲向尹子奇放箭，正中尹子奇左眼。這回可是眞箭。只見尹子奇鮮血淋漓，抱頭鼠竄，倉皇逃命。敵軍一片混亂，大敗而逃。

用計例說

➋明軍遭伏土木堡

明英宗寵幸太監王振。王振是個奸邪之徒，恃寵專權，朝廷內外，沒有人不害怕他。

當時北方瓦剌逐漸強大起來，有覬覦中原的野心。王振拒絕了大臣們在瓦剌通往南方的要道

上設防的建
議，千方百計
討好瓦剌首領
也先。西元
1449年，也先
親自率領大軍
攻打大同，進
犯明朝。明英
宗決定御駕親
征，命王振為

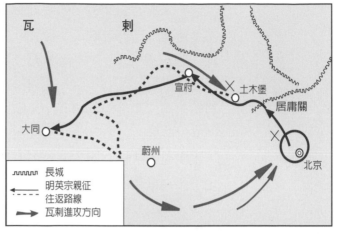

土木堡之役示意圖

統帥。糧草還沒有準備充分，五十萬大軍就倉促
北上。一路上，又連降大雨，道路泥濘，行軍緩
慢。也先聞報，滿心歡喜，認為這正是捉拿英
宗、平定中原的大好時機。等明朝大軍抵達大同
的時候，也先命令大隊人馬向後撤退。王振認為
瓦剌軍是害怕明朝的大部隊，畏戰而退，於是下
令追擊瓦剌軍。也先早已料到，就派騎兵精銳分
兩路從兩側包圍明軍。明軍先鋒朱瑛、朱晃，遭
到瓦剌軍伏擊，全軍覆沒。明英宗無可奈何，只
得下令班師回京。

　　明軍撤退到土木堡，已是黃昏時
分。大臣們建議，部隊再前行二十
里，到懷來城憑險據守，以待援
軍。王振以車輛輜重未到為理由，
堅持在土木堡等待。也先深怕明軍進
駐懷來，據城固守，所以下令急追不捨。在明軍

明英宗像

抵達土木堡的第二天，也先就趁勢包圍土木堡。土木堡是一高地，缺乏水源。瓦剌軍控制了當地惟一的水源——土木堡西側的一條小河。明軍人馬斷水兩天，軍心不穩。也先又施一計，派人送信給王振，建議兩軍議和。王振誤以爲這正是突圍的好時機，急令部隊往懷來城方向衝出。這一下正中也先誘敵之計。明軍離開土木堡不到四里地，瓦剌軍從四面包圍。明英宗在亂軍中，由幾名親兵保護，幾番突圍不成，終於被也先生擒。

王振在倉皇逃命時，被護衛將軍樊忠一錘打死。明軍沒有了指揮中心，潰不成軍，五十萬大軍全軍覆沒。

➋李愬夜擒吳元濟

唐朝中後期，朝廷因無力鎮壓反叛，各州郡的節度使對朝廷懷有異心，紛紛招兵買馬，搶佔地盤，氣焰十分囂張。朝廷多次遣將前往鎮壓，但所遣將領均不得力。朝中大將李愬被激怒，自薦討賊。李愬認爲要平定叛亂，必須先平定淮西，要平定淮西，又必須要先抓住淮西節度使吳元濟，於是他決定先拿下賊窩蔡州。

由於李愬優待俘虜，降將們都願意將吳元濟的情況告訴李愬，甚至出謀策劃。一降將對李愬說：「你要想

唐代鎧甲復原圖

攻打蔡州，沒有李佑是不行的，我無能為力啊。」於是李愬設計活捉了李佑。李愬對李佑以禮相待，使李佑感激不盡，願為李愬效勞。

李佑當即獻策：「蔡州吳元濟的主力均配置在洄曲，防守城的外圍，守蔡州城的都是些老弱殘兵，可乘虛奪取蔡州。等吳元濟的部將知道後再救援時，吳元濟已成為俘虜了。」

李愬採納了李佑的建議，帶兵向蔡州進發，一舉攻下了蔡州，吳元濟只好舉手投降。從而平定了淮西。

李愬奇襲蔡州之戰示意圖

0　20　40 公里

許州（許昌）
陳州（淮陽）
李光顏部
襄城
唐軍
潁
郾城
洄曲
漯河
董重質部
溵水
水
（舞陽）
（沈丘）
西平
吳房（遂平）
上蔡
汝
冶鑪城
嵯峨山
文城柵
張柴村
蔡州（汝南）
（臨泉）
宣陽柵
吳元濟軍
馬鞍山
楚城
廣州（沁陽）
李愬部
汝港柵
新蔡
朗山（確山）
水
（正陽）
淮
白狗柵
（桐柏）
水
申州（信陽）
光州（潢川）

吳元濟像

混戰計

第十九計

釜底抽薪

計名探源

　　釜底抽薪，語出北魏魏收《爲侯景叛移梁朝文》：「抽薪止沸，剪草除根。」古人還說：「故以湯止沸，沸乃不止，誠知其本，則去火而已矣。」這個比喻很淺顯，道理卻說得十分清楚。水燒開了，再摻開水進去是不能讓水溫降下來的，根本之道是把火滅掉，水溫自然就降下來了。此計用於軍事，是指對強敵不可靠正面作戰取勝，而應該避其鋒芒，削減敵人的氣勢，再乘機取勝。釜底抽薪的關鍵是善於抓住主要衝突。很多時候，一些影響戰爭全局的關鍵點，恰恰是敵人的弱點，領導者要準確判斷，抓住時機，攻敵之弱點，比如糧草軍需，如能乘機奪得，敵軍就會不戰自亂。三國時的官渡之戰即是一個有名的戰例。

　　東漢末年，軍閥混戰，河北袁紹乘勢崛起。西元199年，袁紹率領十萬大軍攻打許昌。當時，曹操據守官渡（今河南中牟北），兵力只有三萬多人。兩軍隔河對峙。袁紹仗著人馬眾多，派兵攻打白馬。曹操表面上放棄白馬，命令主力開向延津渡口，擺開渡河架勢。袁紹怕後方受敵，迅速率主力西進，阻擋曹軍渡河。誰知曹操虛晃一槍之後，突派精銳回襲白馬，斬殺顏良，初戰告

鎏金銅馬　漢

捷。

由於兩軍相持很長時間，雙方糧草供給成了關鍵。袁紹從河北調集了一萬多車糧草，屯集在大本營以北四十里處的烏巢。曹操探得烏巢並無重兵防守，決定偷襲烏巢，斷其供應。他親自率五千精兵打著袁紹的旗號，銜枚急走，夜襲烏巢，烏巢袁軍還沒有弄清真相，曹軍已經包圍了糧倉。一把大火點燃，頓時濃煙四起。曹軍乘勢消滅了守糧袁軍，

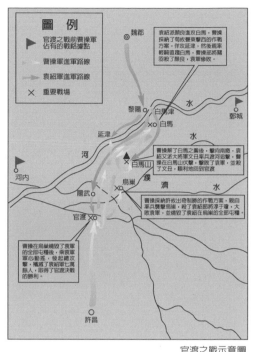

官渡之戰示意圖

圖 例

▶ 官渡之戰前曹操軍
　佔有的戰略據點

━▶ 曹操軍進軍路線

━▶ 袁紹軍進軍路線

✕ 重要戰場

魏郡

袁紹派顏良進攻白馬，曹操
採納了荀攸聲東擊西的作戰
方案，佯攻延津，然後親率
輕騎直趨白馬，曹操派張遼
羽殺了顏良，袁軍慘敗。

黎陽　白馬津
白馬
延津

河

河内

曹操解了白馬之圍後，擊向南撤，袁
紹又派大將軍文丑率兵渡河追擊，曹
操在白馬山伏擊，擊敗了袁軍，並殺
了文丑，順利地回到官渡

白馬山
烏巢
陽武
官渡

曹操採納許攸出奇制勝的作戰方案，親自
率兵襲擊烏巢，殺了袁紹部將淳于瓊，大
敗袁軍，並燒毀了袁紹在烏巢的全部屯糧。

曹操在烏巢燒毀了袁軍
的全部屯糧後，乘袁軍
軍心動搖，發起總攻
擊，殲滅了袁紹軍七萬
餘人，取得了官渡決戰
的勝利。

許昌

袁軍的一萬多車糧草，頓時化為灰燼。袁紹大軍聞訊，驚恐萬狀，供應斷絕，軍心浮動，袁紹一

| 原 | 書 | 解 | 語 |

不敵其力❶，而消其勢❷，兌下乾上之象❸。

【解語注譯】

❶ 不敵其力：敵，動詞，攻打。力，最堅強的部位。

❷ 而消其勢：勢，氣勢。

❸ 兌下乾上之象：《易經》六十四卦中，履卦為兌下乾上，上卦為乾為天，下卦為兌為澤。又，兌為陰卦，為柔；乾為陽卦，為剛。兌在下，從迴圈關係和規律上說，下必沖上，於是出現「柔克剛」之象。此計正是運用此象理，喻我用此計可勝強敵。

時沒了主意。曹操此時發動全線進攻，袁軍士兵已喪失戰鬥力，十萬大軍四散潰逃。袁軍大敗，袁紹帶領八百親兵，艱難地殺出重圍，回到河北，從此一蹶不振。

用計例說

●周亞夫平七國之亂

西元前154年，吳王劉濞野心勃勃，他串通楚漢等七個諸侯國，聯合發兵叛亂。他們首先攻打忠於漢朝的梁國。漢景帝派周亞夫率三十萬大軍

｜原｜書｜按｜語｜

水沸者，力也，火之力也，陽中之陽也，銳不可當；薪者，火之魄也，即力之勢也，陰中之陰也，近而無害。故力不可當而勢猶可消。《尉繚子》曰：「氣實則鬥，氣奪則走。」而奪氣之法，則在攻心。此即攻心奪氣之用也。或曰：敵與敵對，搗強敵之虛以敗其將成之功也。

【按語闡釋】

鍋裡的水沸騰，是靠火的力量。沸騰的水和猛烈的火勢是勢不可擋的，而產生火的原料薪柴卻是可以接近的。強大的敵人雖然一時阻擋不住，何不避其鋒芒，以削弱他的氣勢？《尉繚子》上說：士氣旺盛，就投入戰鬥；士氣不旺，就應該避開敵人。削弱敵人氣勢的最好方法是採取攻心戰。所謂「攻心」，就是運用強大的思想攻勢。這就是用攻心的方法削弱敵人氣勢的一個極好例子。還有人說，敵人再強大，也會有弱點，我方突然擊敗敵人的薄弱之處，再擊敗敵人主力，也是釜底抽薪法的具體運用。戰爭中也常使用襲擊敵人後方基地、倉庫，斷其運輸線等戰術，同樣可以收到釜底抽薪的效果。

昌邑遺址
周亞夫駐軍地，在
今山東金鄉西北。

平叛。這時，梁國派人向朝廷求援，說劉濞大軍
攻打梁國，梁國損失了數萬人馬，已經抵擋不住
了，請朝廷急速發兵救援。漢景帝也命令周亞夫
發兵去解梁國之危。周亞夫說，劉濞率領的吳楚
大軍，素來強悍，如今士氣正旺，與之正面交
鋒，一時恐怕難以取勝。漢景帝問周亞夫準備用
什麼計謀擊退敵軍。周亞夫說，敵軍出兵征討，
糧草供應特別困難，如能斷其糧道，敵軍定會
不戰自退。

　　榮陽是扼守東西二路的要衝，必須搶
先控制。周亞夫派重兵控制榮陽後，分
兩路襲擊敵軍後方：派一支部隊襲擊
吳、楚供應線，斷其糧道；自己親自率
領大軍襲擊敵軍後方重鎮昌邑。周亞夫佔

周亞夫像

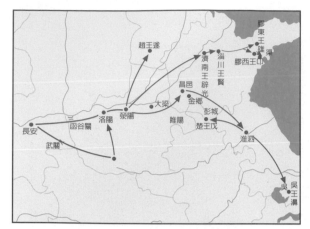

七國之亂示意圖

據昌邑，下令加固營寨，準備堅守。劉濞聞報大驚，想不到周亞夫根本不與自己正面交鋒，卻迅速抄了自己的後路。他立即下令部隊迅速向昌邑前進，準備攻下昌邑，打通糧道。劉濞數十萬大軍氣勢洶洶，撲向昌邑。周亞夫避其鋒芒，堅守城池，拒不出戰。敵軍數次攻城，都被城上的亂箭射回。劉濞無計可施，數十萬大軍駐紮城外，糧草已經斷絕。雙方對峙了幾天，周亞夫見敵軍經數天饑餓，士氣低落，已毫無戰鬥力。他見時機已到，就調集部隊，突然發起猛攻。已經精疲力竭的叛軍不戰自亂。叛軍大敗，劉濞落荒而逃，在東越被殺。

曹操像

➲曹孟德夜襲烏巢

東漢末年，割據勢力相互混戰，袁紹與曹操是兩股最大的勢力，他們為了爭奪中原，在官渡展開大戰。當時曹操只有兩萬左右的兵力，袁紹卻有十萬大軍。曹操能審時度勢，靈活作戰，先解白馬之圍，

誘殲袁軍追兵，初戰告捷。然後主動轉移兵力，在糧食不充足的情況下仍然堅守官渡陣地。袁紹自恃兵力強盛，傲慢輕敵，對部下也很殘忍。曹操了解到袁紹在烏巢屯積了大量糧食，而且那裡的守軍戒備不嚴，如果燒掉了他屯積的物資，即使不與他交戰，袁紹也會自敗。於是曹操親自帶領步騎五千人，用袁紹的旗號，冒充袁軍，每人抱一束柴草，夜裡偷偷地從小路出擊袁紹的烏巢糧屯。曹操帶領的軍隊路過一些地方，有人問是怎麼回事，曹軍就告訴他們說：「袁紹因為怕曹操派兵從背後偷偷地來包抄他，所以調遣部隊去加強戒備。」聽的人都信以為真，未加注意。曹軍到了烏巢，圍住糧屯，放起大火，將烏巢屯積的糧食都燒光了。袁紹軍隊一聽後方糧草被燒，一時全軍大亂，士兵們或逃或亡或降，袁紹僅帶了八百多名騎兵渡河逃走。在官渡一戰中，曹操共殲滅袁紹的軍隊七萬多人。這一戰役為曹操統一北方奠定了基礎。

水陸攻戰畫像石 漢

第二十計

渾水摸魚

計名探源

　　渾水摸魚，原意是在渾濁的水中，魚暈頭轉向，乘機下手，可以將魚抓到。此計用於軍事，指當敵人混亂無主時乘機出擊，奪取勝利。在渾濁的水中，魚兒辨不清方向；在複雜的戰爭中，弱小的一方經常會動搖不定，這時就有可乘之機。更多的時候，這個可乘之機不能只靠等待，而應主動去創造。

　　唐朝開元年間，契丹叛亂，多次侵犯唐朝。朝廷派張守珪為幽州節度使，平定契丹之亂。契丹大將可突干幾次攻幽州，未能攻下。可突干想探聽唐軍虛實，派使者到幽州，假意表示願意重新歸順朝廷，永不進犯。張守珪知道契丹勢力正

張守珪像

唐代疆域圖

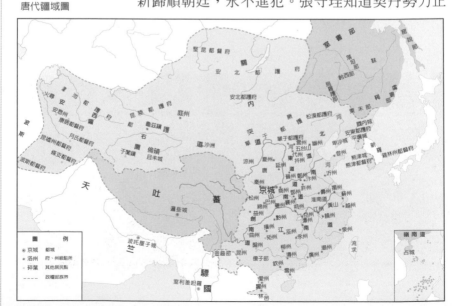

旺，主動求和，必定有詐。他將計就計，客氣地
接待了來使。

第二天，他派王悔代表朝廷到可突干營中宣
撫，並命王悔一定要探明契丹內部的底細。王悔
在契丹營中受到熱情接待，他在招待酒宴上仔細
觀察契丹眾將的一舉一動。他發現，契丹眾將在
對朝廷的態度上並不一致。他又從一個小兵口中
探聽到分掌兵權的李過折一向與可突干有心結，
兩人貌合神離，互不服氣。王悔特意去拜訪李過
折，裝作不了解他和可突干的心結，當著李過折
的面，假意大肆誇獎可突干的才幹。李過折聽
罷，怒火中燒，說可突干主張反唐，使契丹陷於
戰亂，人民十分怨恨。並告訴王悔，契丹這次求
和完全是假的，可突干已向突厥借兵，不日就要
攻打幽州。王悔乘機勸說李過折，唐軍勢力強

| 原 | 書 | 解 | 語 |

乘其陰亂❶，利其弱而無主。隨，以向晦入宴息❷。

【解語注譯】

❶ 乘其陰亂：陰，內部。意為乘敵人內部發生混亂。

❷ 隨，以向晦入宴息：語出《易經》隨卦。隨卦為異卦相疊
（震下兌上）。本卦上卦為兌為澤，下卦為震為雷。言雷入
澤中，大地寒凝，萬物蟄伏，故卦象名「隨」，隨，順從之
意。隨卦的象辭說：「澤中有雷，隨。君子以向晦入宴息。」
指眾人要隨應天時去作息，天色暗下時就當入室休息。

此計運用此象理，是說打仗時要善於抓住敵方的可乘之
隙，而我借機行事，便可亂中取利。

大，可突干肯定失敗。他如脫離可突干，建功立業，朝廷保證一定會重用他。李過折果然心動，表示願意歸順朝廷。王悔任務完成，立即辭別契丹王返回幽州。第二天晚上，李過折率領本部人馬，突襲可突干的中軍大帳。可突干毫無防備，被李過折斬於營中。這一下，契丹營大亂。忠於可突干的大將涅禮招集人馬，與李過折展開激戰，殺了李過折。張守珪探得消息，立即親率人馬趕來接應李過折的部從。唐軍火速衝入契丹軍營，契丹軍內正在火拼，混亂不堪。張守珪乘勢發動猛攻，生擒涅禮，大破契丹軍。

| 原 | 書 | 按 | 語 |

動盪之際，數力衝撞，弱者依違無主，散蔽而不察，我隨而取之。《六韜》曰：「三軍數驚，士卒不齊，相恐以敵強，相語以不利，耳目相屬，妖言不止，眾口相惑，不畏法令，不重其將：此弱征也。」是魚，混戰之際，擇此而取之。如劉備之得荊州，取西川，皆此計也。

【按語闡釋】

　　局面混亂不定，一定存在著多種互相衝突的力量，弱小的力量這時都在考慮到底要依靠哪一邊。這個時候，己方就要乘機把水攪渾，隨即攻取他。古代兵書《六韜》中列舉了敵軍的衰弱之象：全軍多次受驚，兵士軍心不穩，互相恐嚇說敵方強大，相互傳言說己方不利，交頭接耳，妖言不斷，謠言惑眾，不怕法令，不尊重將領……這時，可以說是水已渾了，就應該乘機撈魚，取得勝利。運用此計的關鍵，是領導者一定要正確分析形勢，發揮主動，千方百計把水攪渾，主控權就牢牢掌握在自己手中了。

用計例說

➲ 魏吳相爭　孔明坐收漁利

赤壁大戰中，曹操大敗。為了防止
孫權北進，曹操派大將曹仁駐守南郡

曹仁像

（今湖北公安縣）。這時，孫權、劉備都在打南郡
的主意。周瑜因赤壁大戰獲勝，氣勢如虹，下令
進兵，攻取南郡。劉備也把部隊調到油江口駐
紮，眼睛死盯住南郡。周瑜說：「為了攻打南
郡，我東吳花多大的代價都行，南郡唾手可得。
劉備休想做奪取南郡的美夢！」劉備為了穩住周
瑜，首先派人到周瑜營中祝賀。周瑜心想，我一
定要見見劉備，看他有何打算。第二天，周瑜親
自到劉備營中回謝。在酒席之中，周瑜單刀直入
問劉備駐紮油江口，是不是要取南郡。劉備說，
聽說都督要攻打南郡，特來相助。如果都督不
取，那我就去佔領。周瑜大笑，說南郡指日可

士兵屯營圖 三國

下，如何不取？劉備說：「都督不可輕敵，曹仁勇不可擋，能不能攻下南郡，還很難說。」周瑜一向驕傲自負，聽劉備這麼一說，很不高興，他脫口而出：「我若攻不下南郡，就聽任豫州（即劉備）去取。」劉備盼的就是這句話，馬上說：「都督說得好，子敬（即魯肅）、孔明都在場作證。我先讓你去取南郡，如果取不下，我就去取。你可千萬不能反悔啊。」周瑜一笑，哪裡會把劉備放在心上。周瑜走後，諸葛亮建議按兵不動，讓周瑜先去與曹兵廝殺。

周瑜發兵，首先攻下彝陵（今湖北宜昌）。然後乘勝攻打南郡，卻中了曹仁的誘敵之計，自己中箭而返。

曹仁見周瑜中了毒箭受傷，非常高興，每日派人到周瑜營前叫戰。周瑜只是堅守營門，不肯出戰。一天，曹仁親自帶領大軍，前來叫陣。周瑜帶領數百騎兵衝出營門大戰曹軍。開戰不多時，忽聽周瑜大叫一聲，口吐鮮血，墜於馬下，被眾將救回營中。原來這是周瑜設下的哄騙敵人的計謀，一時之間傳出周瑜箭瘡發作而死的消息。周瑜營中奏起哀樂，士兵們都戴了孝。曹仁聞訊，大喜過望，決定趁周瑜剛死，東吳無心戀戰的時機前去劫營，割下周瑜的首級，到曹操那裡去請賞。

當天晚上，曹仁親率大軍去劫營，城中只留下陳矯帶少數士兵護城。曹仁大軍趁著黑夜衝進

周瑜大營，只見營中寂靜無聲，空無一人。曹仁情知中計，急忙退兵，但是已經來不及了。只聽一聲炮響，周瑜率兵從四面八方殺出。曹仁好不容易從包圍中衝出，退返南郡，又遇東吳伏兵阻截，只得往北逃去。

周瑜大勝曹仁，立即率兵直奔南郡。等周瑜率部趕到南郡，只見南郡城頭佈滿旌旗。原來趙雲已奉諸葛亮之命，乘周瑜、曹仁激戰正酣之時，輕鬆攻取了南郡。諸葛亮利用搜得的兵符，又連夜派人冒充曹仁求援，詐取了荊州、襄陽。周瑜這一回自知上了諸葛亮的大當，氣得昏了過去。

○ 迷局迭出　田單火牛復齊

西元前284年，燕昭王以樂毅爲上將軍，率領燕、秦、趙、魏、韓等國的軍隊，一連攻下齊國的七十餘城，攻佔了齊國都城，齊國僅剩下兩座城池，面臨亡國的威脅。這時燕昭王已死，他的兒子惠王不信任樂毅。齊國人田單得知，便派人到燕國，到處散佈流言說樂毅有二心。燕惠王早已懷疑樂毅，加上田單的挑撥，因此撤換了樂毅的職務，

田單像

騎兵和步兵戰鬥圖

另派騎劫來當大將軍。燕軍將士因此憤憤不平，從此軍心渙散。

田單爲了加強民眾戰勝敵人的信心，利用當時人們對鬼神的迷信，製造了「神師」助戰的假象，燕軍聽說後，軍心更加動搖。接著又設法讓燕軍割去所俘齊軍士兵的鼻子，挖開齊國人的祖墳，燒毀骸骨，使得齊國軍民義憤填膺，紛紛要求與燕人決一死戰。

這時，田單開始準備大反攻。他製造了種種假象，讓燕人以爲齊國已經窮途末路，因而得意忘形，放鬆警戒。自己卻找來一千多頭牛，給它們穿上畫著五彩龍紋的綢衣，牛角綁上鋒利的尖刀，牛尾綁上浸透油脂的葦草，在城腳下挖了幾十個洞，還挑選了五千多名勇士，跟隨其後。乘夜點燃牛尾上的葦草，牛被燒痛，瘋狂地衝向燕軍，城裡人吶喊助威，燕軍驚恐萬狀，潰不成軍，燕軍統帥騎劫被斬殺，齊國人一舉收復了全部失地。

第二十一計

金蟬脫殼

計名探源

　　金蟬脫殼的本意是，寒蟬在蛻變時，本體脫離皮殼而走，只留下蟬蛻還掛在枝頭。此計用於軍事，是指透過偽裝擺脫敵人，以實現我方戰略目標的謀略。先穩住對方，然後撤退或轉移，決不是驚慌失措，消極逃跑，而是保留形式，抽走內容，使自己脫離險境。達到己方戰略目標後，便巧妙分兵轉移的機會出擊另一部分敵人。

　　三國時期，諸葛亮六出祁山，北伐中原，但一直未能成功，終於在第六次北伐時，積勞成

|原|書|解|語|

存其形，完其勢❶；友不疑，敵不動。巽而止，蠱❷。

【解語注譯】

❶存其形，完其勢：保存陣地已有的戰鬥形貌，進一步完備繼續戰鬥的各種態勢。

❷巽而止，蠱：語出《易經》蠱卦。蠱卦為巽卦相疊（巽下艮上）。本卦上卦為艮為山為剛，為陽卦；下卦巽為風為柔，為陰卦。故蠱的卦象是「剛上柔下」，意即高山沈靜，風行於山下，事可順當。又，艮在上卦，為靜；巽為下卦，為謙遜，故說「謙虛沈靜」、「弘大通泰」，是天下大治之象。

　　此計引本卦象辭：「巽而止，蠱。」其意是先暗中謹慎地實行主力轉移，穩住敵人，並乘敵不驚疑之際脫離險境，就可安然躲過戰亂之危。

疾，在五丈原病死於軍中。為了不使蜀軍在退回
漢中的路上遭受損失，諸葛亮在臨終前向姜維密
授退兵之計。姜維遵照諸葛亮的吩咐，在諸葛亮
死後，祕不發喪，對外嚴密封鎖消息。他帶著靈
柩，秘密率部撤退。司馬懿派部隊跟蹤追擊蜀
軍。姜維命工匠仿諸葛亮模樣，雕了一個木人，
羽扇綸巾，穩坐車中。並派楊儀率領部分人馬大
張旗鼓，向魏軍發動進攻。魏軍遠望蜀軍，軍容

| 原 | 書 | 按 | 語 |

共友擊敵，坐觀其勢。尚另有一敵，則須去而存勢。則金蟬脫
殼者，非徒走也，蓋為分身之法也。故大軍轉動，而旌旗金
鼓，儼然原陣，使敵不敢動，友不生疑，待己摧他敵而返，而
友敵始知，或猶且不知。然則金蟬脫殼者，在對敵之際，而抽
精銳以襲別陣也。檀道濟被圍，仍命軍士悉甲，身白服乘輿徐
出外圍，魏懼有伏，不敢逼，乃歸。（《南史》十五〈廣名將
傳〉卷七〈檀道濟〉）

【按語闡釋】

　　認真分析形勢，準確做出判斷，擺脫敵人，轉移部隊，決
不是消極逃跑，一走了事，而應該是一種分身術，要巧妙地暗
中調走精銳部隊去襲擊別處的敵人。但這種調動要神不知、鬼
不覺，極其隱蔽。

　　因此，一定要把假象造得逼真。轉移時，依然要旗幟招
展，戰鼓隆隆，卻仍然保持著原來的陣勢，這樣可以使敵軍不
敢動，友軍不懷疑。檀道濟在被敵人圍困時，竟然能帶著士
兵，自己穿著顯眼的白色服裝，坐在車上，不慌不忙地向週邊
進發。敵軍見此，以為檀道濟設有伏兵，不敢逼近，讓檀道濟
安然脫離圍困。檀道濟此計，險中有奇，使敵人被假象迷惑，
作出了錯誤的判斷。

諸葛亮塑像

整齊，旗鼓大張，又見諸葛亮穩坐車中，指揮若
定，不知蜀軍又耍什麼花招，不敢輕舉妄動。司
馬懿一向知道諸葛亮「詭計多端」，又懷疑此次
退兵乃是誘敵之計，於是命令部隊後撤，觀察蜀
軍動向。姜維趁司馬懿退兵的大好時機，馬上指
揮主力部隊，迅速安全轉移，撤回漢中。等司馬
懿得知諸葛亮已死，再進兵追擊，為時已晚。

用計例說
➔ 虛張聲勢　畢再遇惑金兵
　　宋朝開禧年間，宋將畢再遇與金軍對壘，打
了幾次勝仗。金兵又調集數萬精銳騎兵，要與宋
軍決戰。此時，宋軍只有幾千人馬。畢再遇為了
保存實力，準備暫時撤退。金軍已經兵臨城下，

如果知道宋軍撤退，肯定會追殺。那樣，宋軍損失一定慘重。畢再遇苦苦思索如何蒙蔽金兵、轉移部隊之計。這時，只聽帳外馬蹄聲響，畢再遇受到啓發，計上心來。

他暗中部署撤退，當天半夜時分，下令兵士擂響戰鼓。金軍聽見鼓響，以爲宋軍趁夜劫營，急忙集合部隊，準備迎戰。哪裡知道只聽見宋營戰鼓隆隆，卻不見一個宋兵出城。宋軍連續不斷擊鼓，攪得金兵整夜不得休息。金軍將領似有所悟：「原來宋軍採用疲兵之計，用戰鼓攪得我們不得安寧。好吧，你擂你的鼓，我再也不會上你的當。」

宋營的鼓聲連續響了兩天兩夜，金兵根本不予理會。到了第三天，金兵發現，宋營的鼓聲逐漸微弱，金軍首領斷定宋軍已經疲憊，就派軍分幾路包抄，小心翼翼靠近宋營，見宋營毫無反應。金軍首領一聲令下，金兵蜂擁而上，衝進宋營，這才發現宋軍已經全部安全撤離了。

原來畢再遇使了「金蟬脫殼」之計。他命令兵士將數十隻羊的後腿捆好綁在樹上，使倒懸的羊的前腿拼命蹬踢，又在羊蹄下放了幾十面鼓。羊腿拼命蹬踢，鼓聲隆隆不斷。畢再遇用「懸羊擊鼓」的計策困惑了敵軍，利用兩天的時間安全轉移了。

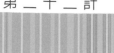

關門捉賊

計名探源

關門捉賊，是指對弱小的敵軍要採取四面包圍、聚而殲之的謀略。如果讓敵人得以脫逃，情況就會十分複雜。窮追不捨，一怕敵人拼命反撲，二怕中敵誘兵之計。這裡所說的「賊」，是指那些善於偷襲的小部隊，其特點是行動詭祕，出沒不定，行蹤難測。其數量不多，破壞性卻很大，常會乘我方不備，侵擾我軍。所以，對這種「賊」，不可讓其逃跑，而要斷其後路，聚而殲之。當然，此計運用得好，決不只限於「小賊」，甚至可以圍殲敵人的主力部隊。

戰國後期，秦國攻打趙國。秦軍在長平（今

| 原 | 書 | 解 | 語 |

小敵困之❶。剝，不利有攸往❷。

【解語注譯】

❶ 小敵困之：對弱小或者數量較少的敵人，要設法去圍困（或者說殲滅）他。

❷ 剝，不利有攸往：語出《易經》剝卦。剝卦異卦相疊（坤下艮上），上卦為艮為山，下卦為坤為地。意即廣闊無邊的大地在吞沒山，故卦名曰「剝」。剝，落的意思。卦辭：「剝，不利有攸往。」意為剝卦說，有所往則不利。

此計引此卦辭，是說對小敵人要及時圍困消滅，而不應去急追或者遠襲。

三刃戟 戰國

山西高平北）受阻。長平守將是趙國名將廉頗，他見秦軍勢力強大，不能硬拼，便命令部隊堅壁固守，不與秦軍交戰。兩軍相持四個多月，秦軍仍拿不下長平。秦王採納了范雎的建議，用離間法讓趙王懷疑廉頗，趙王中計，調回廉頗，派趙括爲將到長平與秦軍作戰。趙括到長平後，完全改變了廉頗堅守不戰的策略，主張與秦軍對面決戰。秦將白起故意讓趙括嘗到一點甜頭，使趙括

|原|書|按|語|

捉賊而必關門，非恐其逸也，恐其逸而爲他人所得也；且逸者不可復追，恐其誘也。賊者，奇兵也，游兵也，所以勞我者也。吳子曰：「今使一死賊，伏於曠野，千人追之，莫不鼻視狼顧。何者？恐其暴起而害己也。是以一人投命，足懼千夫。」追賊者，賊有脫逃之機，勢必死鬥；若斷其去路，則成擒矣。故小敵必困之，不能，則放之可也。

【按語闡釋】

關門捉賊，不僅僅是害怕敵人逃走，而且怕他逃走之後被他人所利用。如果門關不緊，讓敵人逃脫，千萬不可輕易追趕，當心中了敵人的誘兵之計。這個賊，指的是那些出沒無常、偷襲我軍的游擊隊伍。他們的企圖，是使我軍疲勞，以便實現他們的目的。

兵書《吳子》中特別強調不可輕易追逐逃敵。他打了一個比方，一個亡命之徒隱藏在曠野裡，你派一千個人去捉他，也會十分困難，這是爲什麼呢？主要是怕對方突然襲擊而傷到自己。所以說，一個人只要是玩命不怕死，就會讓一千個人害怕。根據這個道理推測，敵軍如能脫逃，勢必拼命戰鬥，如果截斷他的去路，敵軍就易於殲滅了。所以，對弱敵必須圍而殲之，如果不能圍殲，暫時放他逃走也未嘗不可，千萬不可輕易追擊。

如果領導者能統觀全局，因勢用計，因情變通，捉到的也可能不是小賊，而是敵軍的主力部隊。

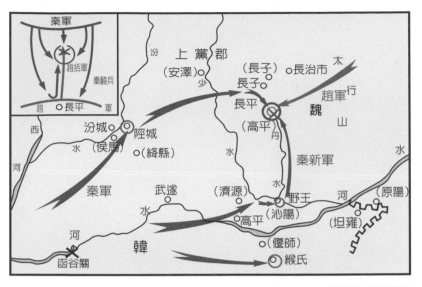

秦趙長平之戰示意圖

的軍隊取得了幾次小勝利。趙括果然得意忘形，
派人到秦營下戰書。此舉正中白起的下懷。他分
兵幾路，形成對趙軍的包圍圈。

　　第二天，趙括親率四十萬大軍，來與秦兵決
戰。由於秦軍與趙軍幾次交戰，都打輸了。趙括
志得意滿，率領大軍追趕佯敗的秦軍，一直追到
秦營。秦軍堅守不出，趙括一連數日攻克不下，
只得退兵。這時突然得到消息：自己的後營已被
秦軍攻佔，糧道也被秦軍截斷。秦軍已把趙軍全
部包圍起來。一連四十六天，趙軍糧絕，士兵殺
人相食，趙括只得拼命突圍。白起已嚴密部署，
多次擊退企圖突圍的趙軍，最後，趙括中箭身
亡，趙軍大亂，四十萬大軍都被秦軍殲滅。這個
趙括只是會「紙上談兵」，在真正的戰場上，一
下子就中了敵軍「關門捉賊」之計，損失四十萬

大軍，使趙國從此一蹶不振。

用計例說
➲以退爲進　黃巢兩佔長安

西元880年，黃巢率領起義軍攻克唐朝都城長安。唐僖宗倉皇逃到四川成都，糾集殘部，並請沙陀李克用出兵攻打黃巢的起義軍。第二年，唐軍部署已完成，企圖收復長安。鳳翔一戰，義軍將領尚讓中敵埋伏之計，被唐軍擊敗。這時，唐軍聲勢浩大，乘勝進兵，直逼長安。

黃巢見形勢危急，召眾將商議對策。眾將分析了敵眾我寡的形勢，認爲不宜硬拼。黃巢當即決定：部隊全部退出長安，往東開拔。

唐朝大軍抵達長安，不見黃巢迎戰，好生奇怪。先鋒程宗楚下令攻城，氣勢洶洶殺進長安城

唐長安城遺址

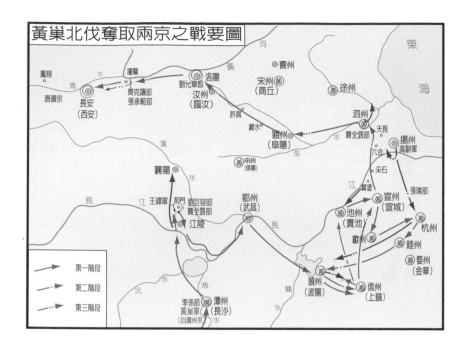

黃巢北伐奪取兩京之戰要圖

鳳翔
唐僖宗
渭水
長安
(西安)
灞陽
齊克讓部
張承範部
劉允章部
洛陽
汝州
(臨汝)
黃水
曹州
宋州
(商丘)
河
徐州
泗州
曹全晸部
潁州
(阜陽)
天長
揚州
高駢軍
張璘部
六合
采石
許昌
潏水
淮水
申州
(信陽)
漢水
襄陽
漢水
當塗
宣州
(宣城)
杭州
鄂州
(武昌)
池州
(貴池)
睦州
王鐸軍
荊門
劉巨容部
曹全晸部
江陵
長江
歙州
婺州
(金華)
長江
第一階段
第二階段
第三階段
沅水
湘水
李係部
潭州
(長沙)
黃巢軍
(自廣州來)
信州
(上饒)
饒州
(波陽)
贛水

東海

內，才發現黃巢的部隊已全部撤走。唐軍毫不費力地佔領了長安，眾將欣喜若狂，縱容士兵搶劫百姓財物。士兵們見起義軍敗退，紀律鬆弛，成天三五成群騷擾百姓，長安城內一片混亂。唐軍將領也被勝利沖昏了頭腦，成天飲酒作樂，歡慶勝利。

黃巢派人打聽到城中情況，高興地說，敵人已入甕中。當天半夜時分，急令部隊迅速回師長安。唐軍沈浸在勝利的喜悅中，呼呼大睡。突然，神兵天降，起義軍以迅雷不及掩耳之勢，衝進長安城內，只殺得毫無戒備的唐軍屍橫遍地。程宗楚從夢中醒來，只

胡兵牽馬俑 唐

見起義軍已衝殺進城，唐軍大亂，無法指揮，最後他在亂軍中被殺。

黃巢用「關門捉賊」之計，重新佔據長安。

➲紙上談兵　趙括命喪長平

西元前260年，秦國進攻趙國，趙國派廉頗眾將率軍迎戰。廉頗築壘堅守，對秦軍的數次挑戰，持重不應，趙王多次責備廉頗怯戰。秦國又派間諜到趙國挑撥，趙王因此讓趙括接替廉頗眾將與秦作戰。趙括一到前線，立即率部隊出擊，秦將白起率兵佯敗撤退，趙軍緊追，一直追到秦軍陣地前，秦軍營壘堅固。這時秦軍以二萬五千人出其不意地切斷趙軍退路，另派出五千人的騎兵部隊插入趙軍之中，趙軍被分割成兩部分，糧食供應線被切斷。趙軍便築壘防守，等待援兵。

長矛 戰國

廉頗像

趙國長城遺址

萬里長城第一台遺址
在秦代修築長城時，榆林是兩路長城匯合的地方，在當地地勢最高、烽火台最大、裡面駐軍最多。自秦以後，歷代均以此台為鎮守北方的重要軍事要地，號稱鎮北台。

秦王又趁機派兵斷絕了趙軍援軍道路和糧食來源。趙軍斷糧四十多天後，內外交困，只好突圍。但衝了四、五次，不能突出包圍。趙括親自帶領精兵猛衝，被秦軍射死。趙軍大敗，四十萬士兵投降了。這就是著名的「秦趙長平之戰」。

第二十三計

遠交近攻

計名探源

遠交近攻，語出《戰國策·秦策》。范雎曰：「王不如遠交而近攻，得寸，則王之寸；得尺，亦王之尺也。」這是范雎說服秦王的一句名言。遠交近攻，是分化瓦解敵方聯盟，各個擊破，結交遠離自己的國家而先攻打鄰國的戰略性謀略。當實現軍事目標的企圖受到地理條件的限制而難以達到時，應先攻取就近的敵人，而不能越過近敵去打遠離自己的敵人。爲了防止敵方結盟，要千方百計去分化敵人，各個擊破。消滅了近敵之後，

商鞅像

| 原 | 書 | 解 | 語 |

形禁勢格❶，利從近取，害以遠隔❷。上火下澤❸。

【解語注譯】

❶ 形禁勢格：禁，禁止。格，阻礙、阻擋。受到地勢的限制和阻礙。

❷ 利從近取，害以遠隔：句意爲，先攻取就近的敵人有利，越過近敵先去攻取離得遠的敵人是有害的。

❸ 上火下澤：語出《易經》睽卦。睽卦爲異卦相疊（兌下離上）。上卦爲離爲火，下卦爲兌爲澤。上離下澤，是水火相剋，水火相剋則又可相生，迴圈無窮。又「睽」，乖違，即矛盾。本卦象辭：「上火下澤，睽。」意爲上火下澤，兩相離違、矛盾。

此計運用「上火下澤」相互離違的道理，說明採取「遠交近攻」的不同做法，使敵人產生衝突，而我正好各個擊破。

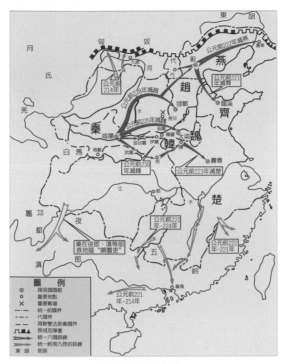

秦遠交近攻示意圖

「遠交」的國家又成為新的攻擊對象了。「遠交」的目的，實際上是為了避免樹敵過多而採用的外交策略。

戰國末期，七雄爭霸。秦國經商鞅變法之後，勢力發展最快。秦昭王開始圖謀吞併六國，獨霸中原。西元前270年，秦昭王準備興兵伐齊。范雎此時向秦昭王獻上「遠交近攻」之策，阻止秦國攻齊。他說，齊國勢力強大，離秦國又很遠，攻打齊國，部隊要經過韓、魏兩國。軍隊派少了，難以取勝；多派軍隊，打勝了也無法佔有齊國土地。不如先攻打鄰國韓、魏，逐步推進。

雙環柄劍 戰國

陽陵銅虎符 秦
此符是秦始皇調動軍隊的憑證，用青銅鑄成臥虎狀，可中分爲二，右半存皇帝處，左半存駐紮陽陵的統兵將領處，調動軍隊時，由使臣持右半符驗合，方能生效。

爲了防止齊國與韓、魏結盟，秦昭王派使者主動與齊國結盟。其後四十餘年，秦始皇繼續堅持「遠交近攻」之策，遠交齊、楚，首先攻下韓、魏，然後又從兩翼進兵，攻破趙、燕，統一北方；攻破楚國，平定南方；最後把齊國也消滅了。秦始皇征戰十年，終於實現了統一中國的願望。

|原|書|按|語|

混戰之局，縱橫捭闔之中，各自取利。遠不可攻，而可以利相結；近者交之，反使變生肘腋。范雎之謀爲地理之定則，其理甚明。

【按語闡釋】

遠交近攻的謀略，不只是軍事上的謀略，更是許多司令部甚至國家最高領導者採取的政治戰略。對鄰國和遠方的國家，大棒和橄欖枝相互配合運用，千方百計與遠方的國家結盟，對鄰國則揮舞大棒，把它消滅。如果和鄰國結交，恐怕變亂會在近處發生。其實，在古代國家間的相互戰爭中，所謂遠交，也決不可能是長期和好。消滅近鄰之後，遠交之國便成了近鄰，新一輪的征伐也是不可避免的。

用計例說
⊃群雄並起　鄭莊公成就霸業

　　春秋初期，周天子實際上已被架空，各諸侯逐鹿中原。鄭莊公在此混亂局勢下，巧妙地運用「遠交近攻」的策略，成爲春秋早期的霸主。

　　當時，鄭國與近鄰宋國、衛國積怨很深，衝突一觸即發，鄭國時刻都有被兩國夾擊的危險。

　　鄭國在外交上採取主動，相繼與邾、魯等國結盟，不久又與實力強大的齊國在石門簽訂盟約。

　　西元前719年，宋衛聯合陳、蔡兩

鄭莊公像

鄭莊公舉行大典的祭祀坑
周禮規定，國家舉行祭祀大典或葬禮時，只有周天子可以享用九鼎，諸侯只能享用七鼎。

國共同攻打鄭國，魯國也派兵助陣，將
鄭國東門圍困了五天五夜。雖未攻下，
鄭國發覺本國與魯國的關係還存在問
題，便千方百計想與魯國重修舊好，共
同對付宋、衛。

西元前717年，鄭國以幫邾國雪恥
爲名，攻打宋國。同時，向魯國積極發
動外交攻勢，主動派使臣到魯國。果
然，魯國與鄭國重修舊誼。齊國當時出
面調停鄭國和宋國的關係，鄭莊公表示
尊重齊國的意見，暫時與宋國修好。齊
國因此也對鄭國心存好感。

西元前714年，鄭莊公以宋國不朝
拜周天子爲由，代周天子發令攻打宋
國。鄭、齊、魯三國大軍很快攻佔了宋
國大片土地。宋、衛軍隊避開聯軍鋒
芒，乘虛攻入鄭國。鄭莊公把佔領宋國
的土地全部送與齊、魯兩國，迅速回
兵，大敗宋、衛大軍。鄭國乘勝追擊，
擊敗宋國，衛國被迫求和。鄭莊公勢力
擴張，霸主地位形成。

⊃胸懷若谷　趙匡胤海納人才

趙匡胤上臺後，一杯酒便釋去了老
戰友們的兵權；馴服了節度使「十兄弟」
，殺了兵變時爲他開門放行的封邱守門

王著像

官，這一些均為近攻。

　　與近攻同時，趙匡胤十分善於也十分注重遠交。他很注意發現人才，起用了很多沒有資歷但很有才學的人擔任重任。

　　陳橋兵變時，陳橋守門官忠於後周，閉門防守，不放趙軍通過。趙軍改走封邱，封邱守門官開門放行。趙匡胤當皇帝後，殺了封邱守門官，起用了陳橋守門官。

宋太祖趙匡胤像

　　一次趙宴請群臣，翰林學士王著喝醉了酒，當眾痛哭後周故主。有人上奏說應當嚴懲。趙說：「在世宗朝，我和他同為朝臣。一個書生，哭哭故主，沒有什麼問題，讓他哭吧！」王著什麼事也沒有。

　　一次，趙匡胤乘駕出遊，突然，有人向他射來一箭，正中黃龍旗。禁衛軍大驚，有人上奏追捕殺手。趙說：「謝謝他教我箭法。」下令不准禁衛追捕射箭人。

　　趙匡胤的近攻，有效抑制了功臣和皇親國戚勢力的不良發展；遠交則攏絡了大批人才，寬鬆的政治氣氛與社會環境，促進了國家的發展。

第二十四計
假道伐虢

計名探源

假道，是借路的意思。語出《左傳·僖公二年》：「晉荀息請以屈產之乘，與垂棘之璧，假道于虞以滅虢。」

處在兩大國中間的小國受到敵方武力脅迫時，某國常以出兵援助的姿態，把力量滲透進去。當然，對處在夾縫中的小國，只用甜言蜜語是不會取得其信任的，援助國往往以「保護」或給予「好處」為名，迅速進軍，控制其局勢，使其喪失自主權；再乘機突然襲擊，就可輕而易舉地取得勝利。

| 原 | 書 | 解 | 語 |

兩大之間，敵脅以從，我假以勢❶。困，有言不信❷。

【解語注譯】

❶ 兩大之間，敵脅以從，我假以勢：假，借。句意為：處在兩個大國之中的小國，敵方若脅迫小國屈從時，我則要藉機去援救，造成一種有利的軍事態勢。

❷ 困，有言不信：語出《易經》困卦。困卦為異卦相疊（坎下兌上），上卦為兌為澤，為陰；下卦為坎為水，為陽。卦象表明，本該處於下方的澤，現在懸於上方而向下滲透，以致澤無水而受困，水離澤流散無歸也自困，故卦名為「困」。困，困乏。卦辭：「困，有言不信。」意為，處在困乏之境地，難道不相信這些嗎？此計運用此卦理，是說處在兩個大國中間的小國，面臨著受人脅迫的境地時，我若說援救他，他在困頓中會不相信嗎？

春秋時期，晉國想吞併鄰近的兩個小國虞和
虢。這兩個國家之間關係不錯。晉如襲虞，虢會
出兵救援；晉若攻虢，虞也會出兵相助。大臣荀
息向晉獻公獻上一計。他說，要想攻佔這兩個國
家，必須離間他們，使他們互不支援。虞國
的國君貪得無厭，正可以投其所好。他建議
晉獻公拿出心愛的兩件寶物，屈產良馬和垂
棘之璧，送給虞公。獻公哪裡捨得！荀息
說：「大王放心，只不過讓他暫時保管罷
了，等滅了虢國再滅虞國，一切不都又回到
您的手中了嗎？」獻公依計而行。虞
公得到良馬美璧，高興得嘴都合
不攏。

晉國故意在晉、虢邊境製

荀息像

| 原 | 書 | 按 | 語 |

假地用兵之舉，非巧言可誑，必其勢不受一方之脅從，則將受
雙方之夾擊，如此境況之際，敵必迫之以威，我則誑之以不
害，利其幸存之心，速得全勢。彼將不能自陣，故不戰而滅之
矣。如：晉侯假道於虞以伐虢（《左傳‧僖公二年》），晉滅虢
……師還，襲虞滅之。（《左傳‧僖公五年》）

【按語闡釋】

這條按語是說處在夾縫中的小國，一方想用武力威逼，一
方卻用不侵犯他的利益來誘騙他，乘其心存僥倖之時，立即把
力量滲透進去，控制他的局勢，使其不能戰鬥，所以，不需要
打什麼大仗就可以將之消滅。此計的關鍵在於「假道」。善於
尋找「假道」的藉口，隱蔽「假道」的真正意圖，突出奇兵，
往往可輕而易舉地取勝。

山羊裝飾戰斧 春秋

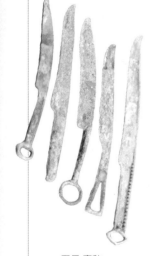

刀具 春秋

造事端，找到了伐虢的藉口。晉國要求虞國借道讓晉國伐虢，虞公得了晉國的好處，只得答應。虞國大臣宮子奇再三勸說虞公，這件事辦不得的。虞虢兩國，唇齒相依，虢國一亡，唇亡齒寒，晉國是不會放過虞國的。虞公卻說，交一個弱朋友去得罪一個強有力的朋友，那才是傻瓜哩！

　　晉大軍借道虞國，攻打虢國，很快就取得了勝利。班師回國時，把劫奪的財產分了許多送給虞公。虞公更是大喜過望。晉軍大將里克，這時裝病，稱不能帶兵回國，暫時把部隊駐紮在虞國京城附近。虞公毫不懷疑。幾天之後，晉獻公親率大軍前去，虞公出城相迎。獻公約虞公前去打獵。不一會兒，只見京城中起火。虞公趕到城外時，京城已被晉軍裡應外合強佔了。就這樣，晉國又輕而易舉地滅了虞國。

用計例說

➔蔡息反目　楚文王一石二鳥

　　東周初期，各諸侯國都乘機擴張勢力。楚文

王時期，楚國勢力日益強大，漢江以東小國，紛紛向楚國稱臣納貢。當時有個小國叫蔡國，仗著和齊國聯姻，認爲有個靠山，就不買楚國的賬。楚文王懷恨在心，一直在尋找滅蔡的時機。

蔡國和另一小國息國關係很好，蔡侯、息侯娶的都是陳國女人，經常往來。但是，有一次息侯的夫人路過蔡國，蔡侯沒有以上賓之禮款待，氣得息侯夫人回國之後，大罵蔡侯。息侯就此對蔡侯有一肚子怨氣。

楚文王聽到這個消息，非常高興，認爲滅蔡的時機已到。他派人與息侯聯繫，息侯想借刀殺人，向楚文王獻上一計：讓楚國假意伐息，他就向蔡侯求救，蔡侯肯定會發兵救息。這樣，楚、息合兵，蔡國必敗。楚文王一聽，何樂而不爲？他立即調兵，假意攻息。蔡侯得到息國求援的請求，馬上發兵救息。可是兵到息國城下，息侯竟緊閉城門，蔡侯急欲退兵，楚軍已借道息國，把蔡侯圍困起來，終於俘虜了蔡侯。

蔡侯被俘之後，痛恨息侯，對楚文王說，息侯的夫人息嬀是一個絕代佳人。他這話刺激了好色的楚文王。楚文王擊敗蔡國之後，以巡視爲名率兵到了息國都城。息侯親自迎接，設盛宴爲楚王慶功。楚文王在宴會上，趁著酒興說：「我幫你擊敗了蔡國，你怎麼不讓夫人敬我一杯酒呀？」息侯只得讓夫人息嬀出來向楚文王敬酒。楚文王一見息嬀，果然是天姿國色，馬上魂不附體，決

鏤空青銅劍 春秋

漆繪鎧甲立俑 春秋

定要把她據爲己有。第二天他舉行答謝宴會，早已佈置好伏兵，將息侯綁架，輕而易舉地滅了息國。

息侯害人害己，他主動借道給楚國，讓楚國滅蔡，給自己報了私仇，卻不料楚國竟不費一兵一卒，順手佔領了息國。

❷荊州計敗　諸葛亮氣死周瑜

三國時，劉備用計從孫權手中「借」去了荊州，又娶走了孫權的妹妹，吳國一直想要討回荊州。魯肅奉周瑜之命來見劉備，索取荊州。劉備依諸葛亮之計，等魯肅說明來意，就大哭起來，直哭得魯肅愕然不知所措。諸葛亮出面解釋：「當初借荊州曾許諾取得西川便還，細想起來，益州劉璋是我主公之弟，取他城池，恐被外人唾罵。若是不取，又還了荊州，何處棲身？若不還荊州與尊舅面上也不好看。事出兩難，因此我主人十分悲傷！」見魯肅信以爲眞，諸葛亮又說：「有煩你回見吳侯，懇求再容緩幾時。吳侯既以親妹嫁給皇叔，想必是會答應的。」魯肅只得應允。魯肅回去對周瑜一說，周瑜就知上了諸葛亮的當。於是設下「假道伐虢」之計，令魯肅再去荊州跟劉備說，孫、劉兩家既結了姻親，便是一家，若劉備不忍心去取西川，東吳便去取來作爲嫁

妝送給劉備，而後把劉備荊州還給東吳。魯肅不解：「西川路途迢迢，取之不易，莫非你是在用計謀？」周瑜得意地笑道：「你道我真的去取西川給他？我只以此為名，實際上是要取荊州，教他沒有防備。待我兵馬路過荊州，向他索取錢糧，劉備必然出城勞軍，那時乘勢殺之，奪取荊州！」

於是魯肅又到荊州見劉備說：「吳侯十分讚賞皇叔之德，遂與諸將商妥，起兵代皇叔取川。以西川權當嫁資，換回荊州，但軍馬過境時，望助些錢糧。」諸葛亮一口答應下來。劉備不知其意，諸葛亮說：「此乃『假途滅虢』之計，名為取川，實取荊州。待主公出城勞軍，乘勢殺入荊州！」於是諸葛亮將計就計，讓周瑜領兵到來時遭到伏擊，吳軍只得退回江東去。周瑜的「假道伐虢」之計沒有得逞，被活活地給氣死了。

魯肅像

鐵箭鏃 三國

開戰計

第二十五計

偷梁換柱

計名探源

偷梁換柱,指用偷換的辦法,暗中改換事物的本質和內容,以達到蒙混欺騙對方的目的。「偷天換日」、「偷龍換鳳」、「調包計」,都是同樣的意思。用軍事上,指聯合對敵作戰時,反覆變動友軍陣線,藉以調換其兵力,等待友軍一敗塗地之時,將其全部控制。此計歸於第五套「並戰計」中,本意是乘友軍作戰不利時,借機兼併其主力爲己方所用。此計中包含爾虞我詐、乘機控制別人的權術,所以也往往用於政治謀略和外交謀略。

秦始皇稱帝,自以爲江山一統,子孫萬代基業相傳。但是,由於他自以爲身體還不錯,一直沒有去立太子,指定接班人,宮廷內存在著兩個實力強大的政治集團。一個是長子扶蘇、蒙恬集團,一個是幼子胡亥、趙高集團。扶蘇恭順好仁,爲人正派,在全國有

秦始皇出遊示意圖

很高的聲譽。秦始皇本意欲立扶蘇爲太子，爲了鍛煉他，派他到著名將領蒙恬駐守的北線爲監軍。幼子胡亥，早被嬌寵壞了，在宦官趙高教唆下，只知吃喝玩樂。

西元前210年，秦始皇第五次南巡，到達平原津（今山東平原縣附近），突然一病不起。此時，秦始皇也知道自己的大限將至，於是，連忙召丞相李斯，要李斯傳達密詔，立扶蘇爲太子。當時掌管玉璽和起草詔書的是宦官頭子趙高。趙高早有野心，看準了這是一次難得的機會，故意扣押密詔，等待時機。幾天後，秦始皇在沙丘平召（今河北廣宗縣境）駕崩。李斯怕太子回來之

秦始皇像

| 原 | 書 | 解 | 語 |

頻更其陣，抽其勁旅，待其自敗，而後乘之❶，曳其輪也❷。

【解語注譯】

❶ 句中的幾個「其」字，均指盟友、盟軍而言。

❷ 曳其輪也：語出《易經》既濟卦。既濟卦爲異卦相疊（離下坎上）。上卦爲坎爲水，下卦爲離爲火。水處火上，水勢壓倒火勢，救火之事，大功告成，故卦名「既濟」。既，已經；濟，成功。本卦初九象辭：「曳其輪，義無咎也。」意爲拖住了車輪，車子就不能運行了。

此計運用此象理，是說好比拖住了車輪，車子就不能運行了。也可以說，己方抽取友方勁旅，如同抽出梁木，房屋就會坍塌，於是己方便可控制他了。

前，政局動盪，所以祕不發喪。趙高特地去找李斯，告訴他，皇上賜立扶蘇的詔書，還扣在我這裡。現在，立誰爲太子，我和你就可以決定。狡猾的趙高又對李斯講明利害，說，如果扶蘇做了皇帝，一定會重用蒙恬，到那個時候，宰相的位置你能坐得穩嗎？一席話，說得李斯怦然心動，二人合謀，製造假詔書，賜死扶蘇，殺了蒙恬。

　　趙高未用一兵一卒，只用偷梁換柱的手段，就把昏庸無能的胡亥扶爲秦二世，爲自己今後的專權打下了基礎，也爲秦朝的滅亡埋下了禍根。

| 原 | 書 | 按 | 語 |

陣有縱橫，天衡爲梁，地軸爲柱。梁柱以精兵爲之，故觀其陣，則知精兵之所在。共戰他敵時，頻更其陣，暗中抽換其精兵，或竟代其爲梁柱；勢成陣塌，逐兼其兵。並此敵以擊他敵之首策也。

【按語闡釋】

　　這則按語，主要是從軍事部署的角度講的。古代作戰，雙方要擺開陣式。列陣都要按東、西、南、北方位部署。陣中有「天衡」，首尾相對，是陣的大梁；「地軸」在陣中央，是陣的支柱。梁和柱的位置都是部署主力部隊的地方。因此，觀察敵陣，就能發現敵軍主力的位置。如果與友軍聯合作戰，應設法多次變動友軍的陣容，暗中更換其主力，派自己的部隊去代替它的梁柱，這樣就會使友軍陣地無法由它自己控制，這時我方可以立即吞併友軍的部隊。這是吞併這一股敵人再去攻擊另一股敵人的首要戰略。

　　所謂「友軍」，不過只是暫時聯合，所以「兼併盟友」是常事。不過，從軍事謀略上去理解本計，重點也可以放在對敵軍「頻更其陣」上。也就是多次佯攻，促使敵人變換陣容，然後伺機攻其弱點。這種調動敵人的謀略，也能收到很好的效果。

用計例說
⊃呂后矯詔殺韓信

　　呂后矯殺韓信一事，歷來眾說紛紜。歷史上的是非功過，不是一下子說得清楚的。這裡並不想做什麼評價，僅用此例再次說明「偷梁換柱」的計謀，在歷史上也往往發揮政治權術作用。楚漢相爭，以劉邦大勝、建立漢朝為結局。這時，各異姓王擁兵自重，是對劉氏天下潛在的威脅。翦滅異姓諸王，是劉邦日夜考慮的大事。異姓諸王中，韓信勢力最大。劉邦藉口韓信袒護一叛將為由，把他由楚王貶為淮陰侯，調到京城居住，實際上有點「軟禁」的味道。韓信功高蓋世，忠於劉邦。當年楚漢相爭，戰鬥激烈之時，謀士蒯通曾建議韓信與劉邦分手，使天下三分。韓信拒絕了蒯通的建議，輔佐劉邦奪得天下。而今卻落得這樣的下場，心中怨恨至極。

呂后像

　　西元前200年，劉邦派陳豨為代相，統率邊兵，對付匈奴。韓信私下裡會見陳豨，以自己的遭遇為例，警告陳豨：你雖然擁有重兵，但並不安全，劉邦不會一直信任你，不如乘此機會，帶兵反漢，我在京城裡接應你。兩個人秘密商量好，決定伺機起事。

　　西元前197年，陳豨在代郡反漢，自立為代王。劉邦領兵親自聲討陳豨。韓信與陳豨約定，起事後他在京城詐稱奉劉邦密詔，襲擊呂后及太子，兩面夾擊劉邦。可是，韓信的計謀被呂后得

皇后之璽 漢
璽面陰刻篆文「皇后之
璽」四字，四側陰刻雲
紋，頂雕蟠虎爲紐，在
漢高祖長陵附近發現，
應是呂后生前的御用之
筆。

知。呂后與丞相陳平設下一計，對付韓信。

　　呂后派人在京城散佈陳豨已死、皇上得勝即將凱旋的消息。韓信聽到後，又沒有見到陳豨派人來聯繫，心中甚爲恐慌。一日，丞相陣平親自到韓信家中，謊稱陳豨已死，叛亂已定，皇上已班師回朝，文武百官都要入朝慶賀，請韓信立即進宮。韓信本來心虛，只得與陳平同車進宮。結果被呂后逮捕，囚禁在長樂宮之鐘室。半夜時分，韓信被殺。後世稱「未央宮斬韓信」。蓋世英雄韓信至死也不知道，陳豨已死的消息，完全是謊言。陳豨叛亂，是在韓信死了兩年之後才平定的。

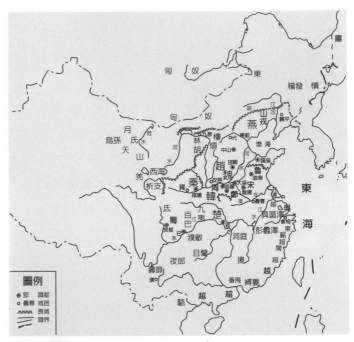

戰國時期形勢圖

➔韓趙魏三家分晉

　　春秋末期，晉國國內有智、韓、趙、魏四家掌握大權，而智氏勢力最大，智伯便謀劃取代晉君。

　　智伯知道，要謀取晉室，必須先削弱其他三家勢力。於是智伯趁晉君即將討伐越國之機，命其他三家各獻地百里，以充軍資。三家若服從，智伯便可得地；若不服，可借晉侯的命令將其消滅。結果韓、魏都拱手割地百里，只有趙襄子堅決拒絕。

　　智伯立即率韓、魏、智三家人馬進攻趙，趙襄子只得死守晉陽。智人多勢眾，晉陽城已危在旦夕。趙謀士張孟談向趙獻了一個「偷梁換柱」之策。張孟談認為智氏以韓、魏為梁柱，趙同樣也可以以其為梁柱，趙也認同了他的看法。

　　於是張孟談潛出晉陽，秘密會見韓、魏說：「趙、韓、魏三國唇齒相依，唇亡齒寒。今智氏率三家攻取趙，趙如滅亡，韓、魏就會跟著滅亡，不如我們三家結盟伐智。」韓、魏覺得有理，就秘密訂立盟約反智。

　　趙襄子派人半夜裡決堤引水至智氏軍營，使智營一片混亂。韓、魏兩家軍隊趁機從左右兩翼攻打過來，趙襄子又率軍從城中殺出，智軍有的被殺，有的被水淹死，智伯也死於亂軍之中。從此，智氏宗族滅亡。

青銅劍 春秋

第二十六計

指桑罵槐

計名探源

　　指桑罵槐，此計的寓意應從兩方面來理解。一是要運用各種政治和外交謀略，「指桑」而「罵槐」，施加壓力配合軍事行動。對於弱小的對手，可以用警告和利誘的方法，不戰而勝。對於比較強大的對手也可以旁敲側擊威懾他。春秋時期，齊相管仲為了降服魯國和宋國，就運用了此計。他先攻下弱小的遂國，魯國畏懼，立即謝罪求和，宋見齊魯聯盟，也只得認輸求和。管仲「敲山震虎」，不用大的代價就使魯、宋兩國臣服。

　　另外，作為部隊的指揮官，必須做到令行禁止，法令嚴明。否則，指揮不靈，令出不行，士兵一盤散沙，怎能打仗？所以，歷代名將都特別注意軍紀嚴明，管理部隊，剛柔相濟，既關心和愛護士兵，又嚴加約束，決不能有令不從，有禁不止。所以，有時採用「殺雞儆猴」的方法，抓住某個不良成員，從嚴處理，就可以震懾全軍將士。春秋時期，齊景公任命了穰苴為將，帶兵攻打晉、燕聯軍，又派寵臣莊賈作監軍。穰苴與莊賈約定，第二天中午在營門集合。第二天，穰苴早早到了營中，命令裝好作為計時器的標竿和滴漏盤。約定時間一到，穰苴就到軍營宣布軍令，

管仲像

整頓部隊。可是莊賈遲遲不到，穰苴幾次派人催促，直到黃昏時分，莊賈才帶著醉容到達營門。穰苴問他爲何不按時到軍營來，莊賈無所謂地說，什麼親戚朋友都來爲我設宴餞行，我總得應酬應酬吧，所以來得遲了。

司馬穰苴像

穰苴非常氣憤，斥責他身爲國家大臣，負有監軍重任，卻只依戀自己家，不以國家大事爲重。莊賈以爲這是區區小事，仗著自己是國王的寵臣親信，對穰苴的話深不以爲然。穰苴當著全軍將士，命令叫來軍法官，問：「無故誤了時間，按照軍法應當如何處理？」軍法官答道：「該斬！」穰苴即命拿

| 原 | 書 | 解 | 語 |

大凌小者，警以誘之❶。剛中而應，行險而順❷。

【解語注譯】

❶ 大凌小者，警以誘之：強大者要控制弱小者，要用警告的辦法去誘導他。

❷ 剛中而應，行險而順：語出《易經》師卦。師卦爲異卦相疊（坎下坤上）。本卦下卦爲坎爲水，上卦爲坤爲地，水流地下，隨勢而行。這正如軍旅之象，故名爲「師」。本卦象辭說：「剛中而應，行險而順，以此毒天下，而民從之。」「剛中而應」是說九二以陽爻居於下坎的中位，叫「剛中」，又上應上坤的六五，此爲互應。下卦爲坎，坎表示險，上卦爲坤，坤表示順，故又有「行險而順」之象。以此卦象的道理督治天下，百姓就會服從。這是吉祥之象。「毒」，治理的意思。

　　此計運用此象理，是說治軍，有時採取適當的強硬手段便會得到應和，行險則遇順。

下莊賈。莊賈嚇得渾身發抖，他的隨從連忙飛馬進宮向齊景公報告情況，請求景公派人救命。在景公派的使者沒有趕到之前，穰苴即令將莊賈斬首示眾。全軍將士看到主將敢殺違犯軍令的大臣，誰還再敢不遵守將令。

這時，景公派來的使臣飛馬闖入軍營，叫穰苴放了莊賈。穰苴應道：「將在外，君命有所不受。」他見來使驕狂，便又叫來軍法官，問道：「在軍營亂跑馬，按軍法應當如何處理？」軍法官答道：「該斬。」來使嚇得面如土色。穰苴不慌

｜原｜書｜按｜語｜

率數未服者以對敵，若策之不行，而利誘之，又反啟其疑；於是故為自誤，責他人之失，以暗警之。警之者，反誘之也：此蓋以剛險驅之也。或曰：此遣將之法也。

【按語闡釋】

統率不服從自己的部隊去打仗，如果你調動不了他們，卻想用金錢去利誘他們，反而會引起他們的懷疑。正確的方法是：你可以故意製造些錯誤，然後責備別人的過失，借此暗中警告那些不服自己指揮的人。這種警誡，是用強硬而險詐的方法去迫使士兵服從。或者說，這就是調兵遣將的方法。

對待部下將士，必須恩威並重，剛柔相濟。軍紀不嚴，烏合之眾，哪能取勝？如果只是一味地嚴屬，甚至近於殘酷，也難以讓將士們心服。所以關心將士，體貼將士，使將士們心中感激敬佩，這才算得上是稱職的指揮官。「約束不明，申令不熟，將之罪也」，這就是強調治軍要嚴。「視卒如愛子，故可與之俱死」，這就是強調要關心將士，使他們願意與將帥一同出生入死。

不忙地說道：「君王派來的使者，可以不殺。」於是下令殺了他的隨從和三駕車的左馬，砍斷馬車左邊的木柱。然後讓使者回去報告。穰苴軍紀嚴明，軍隊戰鬥力旺盛，果然打了不少勝仗。

用計例說

➲刀下無情　孫武演陣美女戰

春秋時期，吳王闔閭看了大軍事家孫武的著作《孫子兵法》後，非常佩服，立即召見孫武。吳王說：「你的兵法，真是精妙絕倫。你能不能當面給我演示一下，讓我開開眼界呢？」孫武說：「這個不難。您可以隨便找些人來，我馬上操練給您看看。」吳王一聽，便生好奇，隨便找些人來就可操練？吳王存心為難孫武，說道：我

孫五（武）子演陣教美人戰版畫

圖中孫武作道士裝束，舉旗於城上教宮女演習戰術，吳王坐於對面的台上，俯視兩隊演武的陣容。

的後宮裡美女多得很，先生能不能讓她們來操練操練？孫武一笑說：行呀！任何人都可以操練。

於是，吳王從後宮叫來180名美女。眾美女一到校軍場上，只見旌旗招展，聽得戰鼓聲聲，煞是好看。孫武下令將180名美女編成兩隊，並命令吳王的兩個愛姬作為隊長。兩個愛姬哪裡當過帶兵的官兒，只是覺得好笑好玩。好不容易，才把一團混亂的美女們排成兩列。

孫武十分耐心地、認真仔細地對這些美女們講解操練要領。交代完畢，命令在校軍場上擺下刑具，然後威嚴地說：練兵可不是兒戲！妳們一定要聽從命令，不得馬馬虎虎，嬉笑打鬧。不管誰違犯軍令，一律按軍法處置！

美女們以為大家是來做做遊戲的，沒想到碰見這麼個一臉正經的人！這時，孫武命令擂起戰鼓，開始操練。孫武發令：全體向右轉！美女們一個也沒有動，反而轟然大笑。孫武並不生氣，說道：「將軍沒有把動作要領交待清楚，這是我的過錯！」於是他又一次詳細講述了動作要領，並問道：大家聽明白了沒有？眾美女齊聲回答：「聽明白了！」

鼓聲再起，孫武發令：「全體向左轉！」美女們還是一個未動，笑得比上次更加厲害了。吳王見此情景，也覺得有趣，心想：你孫武有再大的本領，也無法讓這些美女們聽你的調動。

孫武沈下臉來，說道：「動作要領沒有交待

軍印 春秋

清楚，是將軍的過錯；交待清楚了，而士兵不服從命令，就是士兵的過錯了。按軍法，違犯軍令者斬，隊長帶隊不力，應先受罰。來人，將兩個隊長推出斬首！」吳王一聽，慌了手腳，急忙派人對孫武說：「將軍確實善於用兵，軍令嚴明，吳王十分佩服。這次，請放過吳王的兩個愛姬。」孫武回答道：「將在外，君命有所不受。吳王既然要我演習兵陣，我一定要按軍法規定操練。」於是，將兩名愛姬斬首示眾，嚇得眾美女魂飛魄散。孫武命令繼續操練。他命令排頭兩名美女繼任隊長。全場鴉雀無聲。

鼓聲第三次響起，眾美女精神集中，處處按規定行動，一絲不苟，順利地完成了操練任務。

吳王見孫武斬了自己的愛姬，心中不悅，但仍然佩服孫武治兵的才能。後來以孫武眾將，終使吳國擠進強國之列。

⟳ 執法如山　司馬穰苴殺莊賈
春秋時期，齊景公以司馬穰苴眾將軍，帶兵

莊賈像

抵禦燕國和晉國的部隊。司馬穰苴深知自己出身卑賤，人微權輕，士兵不會聽命於自己，老百姓也不會相信自己。於是他請求景公派一位有威望的寵臣做監軍，自己才可接受將職。齊景公同意，派親信莊賈做監軍。穰苴與莊賈約定第二天中午在軍營門口相見。

莊賈非常驕傲，而且認為自己是監軍，沒有把約定記在心上，親戚朋友設宴為他餞行，因此直到黃昏才匆匆趕到。司馬穰苴對他的解釋置之不理，把軍法官叫來，問道：「按照軍法，沒有按期趕到的該作何處置？」軍法官回答說：「該斬。」莊賈害怕了，趕緊派人去向景公求救。沒有等到送信人回來，莊賈已被斬首示眾。全軍將士一個個都嚇得魂飛魄散。不久，景公派使者拿著赦令趕到。穰苴說：「將在外，君王的命令可以不接受。」並問軍法官：「現在使者在軍營中亂跑，怎麼處置？」軍法官回答說：「該斬。」使者大為驚恐。這時穰苴說：「來使不殺。」於是就將其隨從以及駕車者殺掉，以示三軍。然後率軍出發，路途中，穰苴與士兵同甘共苦，使得士氣大增，士兵們爭著去打仗。

晉師和燕師聽說後，急忙撤回了部隊。齊軍乘勝追擊，收復了許多失地。

金炳鐵鐵劍 春秋

第 二 十 七 計

假 癡 不 癲

計名探源

　　假癡不癲，重點在一個「假」字。這裡的「假」，意思是偽裝，裝聾作啞，癡癡呆呆，而內心卻特別清醒。此計無論作為政治謀略還是作為軍事謀略，都算高招。

　　用於政治謀略，就是韜晦之術，在形勢不利於自己時，表面上裝瘋賣傻，給人以碌碌無為的印象，隱藏自己的才能，掩蓋內心的政治抱負，以免引起政敵的警覺，暗裡卻等待時機，實現自己的抱負。此計用在軍事上，指的是雖然自己具有相當強大的實力，但故意不露鋒芒，顯得軟弱

| 原 | 書 | 解 | 語 |

寧偽作不知不為，不偽作假知妄為❶。靜不露機，雲雷屯也❷。

【解語注譯】

❶ 寧偽作不知不為，不偽作假知妄為：寧可假裝著無知而不行動，不可以假裝知道而去輕舉妄動。

❷ 靜不露機，雲雷屯也：語出《易經》屯卦。屯卦為異卦相疊（震下坎上），震為雷，坎為雨。此卦象為雷雨並作，環境險惡，為事困難。「屯，難也。」〈屯〉的〈象〉又說：「雲雷，屯。」坎為雨，又為雲，震為雷。這是說，雲行於上，雷動於下，雲在上有壓抑雷之象徵，這是屯卦之卦象。

　　此計運用此象理，是說在軍事上，有時為了以退求進，只得假癡不癲，積蓄力量，以期後發制人。這就如同雲勢壓住雷動且不露機巧一樣，最後一旦爆發攻擊，便會因出其不意而獲勝。

冒頓單于像

可欺，用以鬆懈敵人心防，然後再伺機給敵人以措手不及的打擊。

秦末漢初，匈奴內部政權變動，人心不穩。鄰近一個強大的民族東胡，藉機向匈奴勒索。東胡存心挑釁，要匈奴獻上國寶千里馬。匈奴的將領們都說東胡欺人太甚，國寶決不能輕易送給他們。匈奴單于冒頓卻決定：「給他們吧！不能因為一匹馬與鄰國失和嘛！」匈奴的將領們都不服氣，冒頓卻若無其事。東胡見匈奴軟弱可欺，竟然又向冒頓要一名妻妾。眾將見東胡得寸進尺，個個

| 原 | 書 | 按 | 語 |

假作不知而實知，假作不為而實不可為，或將有所為。司馬懿之假病昏以誅曹爽，受巾幗假請命以老蜀兵，所以成功；姜維九伐中原，明知不可為而妄為之，則似癡矣，所以破滅。兵書曰：「故善戰者之勝也，無智名，無勇功。」當其機變未發時，靜屯似癡；若假癲，則不但露機，則亂動而群疑。故假癡者勝，假癲者敗。或曰：假癡可以對敵，並可以用兵。宋代，南俗尚鬼。狄青征儂智高時，大兵始出桂林之南，因佯祝曰：「勝負無以為據。」乃取百錢自持，與神約，果大捷，則投此錢盡錢面也。左右諫止，倘不如意，恐沮軍，青不聽。萬眾方聳視，已而揮手一擲，百錢皆面。於是舉兵歡呼，聲露林野，青亦大喜；顧左右，取百釘來，即隨錢疏密，布地而貼釘之，加以青紗籠，手自封焉。曰：「俟凱旋，當酬神取錢。」其後平邕州還師，如言取錢，幕府士大夫共祝視，乃兩面錢也。（《戰略考·宋》）

義憤填膺，冒頓卻說：「給他們吧，不能因為捨不得一個女子與鄰國失和嘛！」東胡不費吹灰之力，連連得手，便料定匈奴不堪一擊，根本不把匈奴放在眼裡。這正是冒頓單于求之不得的。

不久之後，東胡看中了與匈奴交界處的一片茫茫荒原，這荒原屬於匈奴的領土。東胡派使臣去匈奴，要匈奴以此地相贈。匈奴眾將認為冒頓一再忍讓，這荒原又是杳無人煙之地，恐怕只得答應割讓了。誰知冒頓此次突然說道：「荒原雖然杳無人煙，但也是我匈奴的國土，怎可隨便讓人？」於是，下令集合部隊，進攻東胡。匈奴將

【按語闡釋】

自己非常清楚，卻偽裝不知道；現在假裝不行動，是因為現在還不可能行動，必須等待時機再行動。古代兵書告訴我們，真正善於打仗的，決不會炫耀自己的智謀和武力。時機不到，鎮定得像個呆子。如果假作癲狂，肯定會洩露機密，讓敵方或友方懷疑。所以，裝癡的，肯定取勝；假裝癲狂的，必然失敗。司馬懿誅殺曹爽就是很好的例證。還有一次，孔明送一套婦女服裝給司馬懿，想激怒他出戰，可司馬懿故意裝作無所謂，上表請命，堅守不戰以疲勞蜀軍，也是個好例證。

也有人說，假癡可以對敵，也可以用來治軍。此即所謂的「愚兵術」。《孫子兵法》：「能愚士卒之耳目，使之無知。」宋代將領狄青在攻打儂智高時，為了鼓舞士氣，就巧妙地利用了士兵的迷信心理。他預先命人做了一百枚兩面都是正面的銅錢。出兵時祈禱神靈：如果一百枚銅錢擲出，全是正面，那麼此戰一定能大獲全勝。將領們深怕這事弄不好，反而會挫敗士氣。狄青胸有成竹，親手撒下百錢，個個都是正面。士兵歡聲雷動，士氣高昂。狄青命人在原地把錢用釘子釘牢，蓋上青紗，親自封好。說：「等到勝利歸來，再酬神取錢。」此仗果然大捷，回來，揭開青紗，他的親信們才恍然大悟。

士受夠了東胡的氣，這一下，人人奮勇爭先，銳不可擋。東胡做夢也沒想到那個癡愚的冒頓會突然發兵攻打自己，所以毫無準備，倉促應戰，但哪裡是匈奴的對手。戰爭的結果是東胡被滅，一味逞強的東胡王也被殺於亂軍之中。

用計例說

➔ 老謀深算　司馬懿誅曹爽

三國時期，魏國的魏明帝去世，繼位的曹芳年僅八歲，朝政由太尉司馬懿和大將軍曹爽共同執掌。曹爽是宗親貴冑，飛揚跋扈，怎能讓異姓的司馬氏分享權力。他用明升暗降的手段剝奪了司馬懿的兵權。

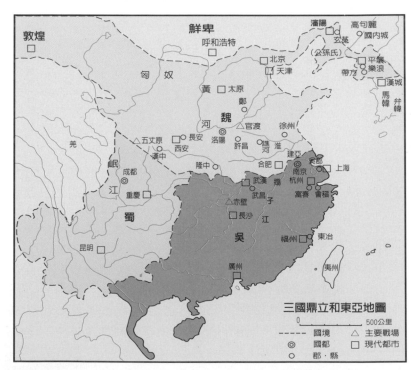

三國鼎立和東亞地圖

司馬懿立過赫赫戰功，如今卻大權旁落，心中十分怨恨。但司馬懿看到曹爽現在勢力強大，一時恐怕鬥不過他，於是，便稱病不再上朝。曹爽當然十分高興，但他心裡也明白，司馬懿是他當權的唯一潛在對手。

一次，曹爽派親信李勝去司馬懿家探聽虛實。然而，司馬懿看破了曹爽的心事，早有準備。李勝被引到司馬懿的臥室，只見司馬懿躺在床上，病容滿面，頭髮散亂，由兩名侍女服侍。李勝說：「好久沒來拜望，不知您病得這麼嚴重。現在我被任命為荊州刺史，特來向您辭行。」司馬懿假裝聽錯了，說道：「並州是邊境要地，一定要抓好防務。」李勝忙說：「是荊州，不是並州！」司馬懿仍裝作聽不明白。這時，兩個侍女給他餵藥，他吞咽都很艱難，湯水還從口中流出。他裝作有氣無力地說：「我已命在旦夕，我死之後，請你轉告大將軍，一定要好好照顧我的孩子們。」

李勝回去向曹爽作了匯報，曹爽喜不自勝，說道：「只要這老頭一死，我就沒有什麼好擔心的了。」

這事過了不久，西元249年2月15日，天子曹芳要去濟陽城北掃墓，祭祀祖先。曹爽帶著他的三個兄弟和親信等護駕出行。

司馬懿聽到這個消息，認為時機已到，馬上調集家將，召集過去的老部下，迅速佔據了曹氏

兵營，然後進宮威逼太后，歷數曹爽罪狀，要求廢黜這個奸賊。太后無奈，只得同意。司馬懿又派人佔據了武庫。

等到曹爽聞訊回城時，他的大勢已去。司馬懿以篡逆的罪名，誅殺了曹爽一家，終於獨攬大權，曹魏政權實際上已是有名無實了。

⊃馳騁草原　冒頓稱霸大漠

西元前209年，匈奴單于的太子冒頓執政。這時東胡部落很強盛，聽說冒頓殺了他父親而自己當了單于，便派人向冒頓說：「我們很想得到你父親的千里馬。」冒頓召集群臣商量，群臣都

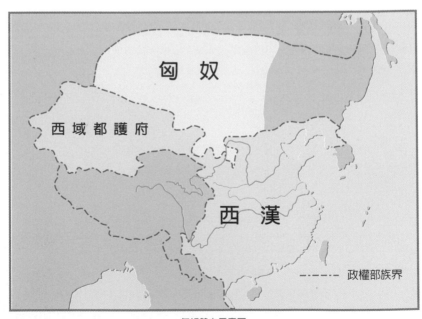

匈奴勢力示意圖

說：「千里馬是匈奴的珍寶，不能送給他。」冒頓說：「為睦鄰邦交，怎能愛惜一匹馬呢？」於是把千里馬送給了他。

不久，東胡以為冒頓不敢惹他，又派人向冒頓說：「我們想得到單于的一位美女。」冒頓又徵求群臣的意見，群臣都怒道：「東胡仗勢欺人，又來強求美女，應用武力來還擊他。」冒頓說：「給鄰國一個美女有什麼捨不得的呢？」他又把一個心愛的美女送給了東胡。東胡王更加驕橫，便向西侵擾。

東胡與匈奴接壤的地方，有一片荒蕪的土地，約千餘里，無人居住。雙方僅在邊界設有哨所。東胡派人向冒頓說：「警戒線以外的地方，你們控制不了，我們想要佔領它。」冒頓召集群臣商量，有的說：「這是荒無人煙的地方，割給他們也可以，不割讓也可以。」於是冒頓大怒：「領土是國家的根本，怎麼能割給人家呢？」並下令將凡是建議割讓的人一律斬殺。

冒頓跨上戰馬，宣佈命令說：「再有建議割讓領土的人格殺勿論。」於是向東出兵襲擊東胡。東胡輕視冒頓，完全不加戒備，冒頓大軍突然進入東胡國境，猛然攻擊，滅亡了東胡，並擄獲了大量的百姓和牲畜。冒頓滅了東胡回來，乘勢又西擊月氏國，南併樓煩、白羊兩國，從此以後，冒頓成為匈奴最強盛的一代。

匈奴人金柄劍

第二十八計

上屋抽梯

計名探源

　　上屋抽梯，有一個典故。後漢末年，劉表偏愛少子劉琮，不喜歡長子劉琦。劉琦的後母害怕劉琦得勢，影響到親子劉琮的地位，非常嫉恨他。劉琦感到自己處境危險，多次請教諸葛亮，但諸葛亮一直不肯爲他出主意。有一天，劉琦約諸葛亮到一座高樓上飲酒，等二人坐下飲酒之時，劉琦暗中派人拆走了樓梯。劉琦說：「今日上不至天，下不至地，出君之口，入琦之耳。可以賜教矣！」諸葛亮見狀，無可奈何，便給劉琦講了個故事。

劉琦像

|原|書|解|語|

假之以便，唆之使前，斷其援應，陷之死地❶。遇毒，位不當也❷。

【解語注譯】

❶ 假之以便，唆之使前，斷其援應，陷之死地：假，借。句意是借給敵人一些方便（即故意暴露出一些破綻），以誘使敵人深入我方，然後乘機切斷他的後援和救應，最終陷其於死地。

❷ 遇毒，位不當也：語出《易經》噬嗑卦。噬嗑卦爲異卦相疊（震下離上）。上卦爲離爲火，下卦爲震爲雷，是既打雷又閃電。又離爲陰卦，震爲陽卦，是陰陽相濟，剛柔相交，以喻人要恩威並用，寬嚴結合，故卦名爲「噬嗑」，意爲咀嚼。本卦六三象辭：「遇毒，位不當也。」本意是說，搶吃臘肉中了毒（古人認爲臘肉不新鮮，含有毒素，吃了可能中毒），因爲六三陰爻居於陽位，是位不當。

　　此計運用此理，是說敵人受我之唆，猶如貪食搶吃，只怪自己貪利而受騙，才陷於死地。

春秋時期，晉獻公的妃子驪姬想謀害晉獻公的兩個兒子申生和重耳。重耳知道驪姬居心險惡，只得逃亡國外。申生爲人厚道，力盡孝心，侍奉父王。一日，申生派人給父王送去一些好吃的東西，驪姬乘機用有毒的食品將太子送來的食品更換了。晉獻公哪裡知道，準備去吃，驪姬故意說道，這膳食從外面送來，最好讓人先嘗嘗看。於是命侍從品嘗，侍從嘗了一點便倒地而死。晉獻公大怒，大罵申生不孝，陰謀弒父奪位，決定要殺申生。申生聞訊，也不申辯，自刎身亡。諸葛亮對劉琦說：「申生在內而亡，重耳在外而安。」劉琦馬

陶院落 漢
這個院落是漢末三國時期豪強地主勢力的一種眞實反映。

|原|書|按|語|

唆者，利使之也。利使之而不先爲之便，或猶且不行。故抽梯之局，須先置梯，或示之梯。如：慕容垂、姚萇諸人慫秦苻堅侵晉，以乘機自起。（《晉書》卷一一三〈苻堅〉）

【按語闡釋】

　　什麼是唆？唆就是用利去引誘敵人。你引誘敵人而不先給敵人開方便之門，那還是不行的。開方便之門，就是事先給敵人安放一個梯子。既不能使他猜疑，還要讓敵人能清楚地看到梯子。只要敵人爬上梯子，就不怕他不進入己方事先設置的圈套。苻堅就是中了慕容垂、姚萇的上屋抽梯之計，輕易去攻打晉國，大敗於淝水。慕容垂、姚萇的勢力就迅速擴張起來了。

上領會了諸葛亮的意圖，立即上表請求前往江夏
（今湖北武昌西），避開後母，免遭陷害。

　　劉琦引誘諸葛亮「上屋」，是爲了求他指
點，「抽梯」，是斷其後路，也是爲了打消諸葛
亮的顧慮。

　　此計用在軍事上，是指利用小利引誘敵人，
然後截斷敵人之援兵，以便將敵圍殲的謀略。這
種誘敵之計，自有其高明之處。敵人一般不是那
麼容易上當的，所以，你應該先安好「梯子」，
也就是故意給以方便。等敵人「上樓」，也就是
進入已布好的「口袋」之後即可拆掉「梯子」，
圍殲敵人。

　　安放梯子，很有學問。對性貪之敵，則以利
誘之；對性驕之敵，則以示我方之弱以惑之；對
莽撞無謀之敵，則設下埋伏以使其中計。總之，
要根據情況，巧妙地安放梯子，誘敵中計。

　　《孫子兵法》中最早出現「去梯」之說。《孫
子·九地篇》：「帥興之期，如登高而去其梯。」
這句話的意思是把自己的隊伍置於有進無退之
地，破釜沈舟，迫使士兵同敵人決一死戰。

　　如果將上面兩層意思結合起來運用，眞是相
當厲害的謀略。

用計例說
●背水一戰　韓信破陳餘
　　秦朝滅亡之後，各路諸侯逐鹿中原。到後

來，只有項羽和劉邦的勢力最為強大。其他諸侯，有的被消滅，有的急忙尋找靠山。趙王歇在鉅鹿之戰中，看到項羽是個了不起的英雄，心中十分佩服，在楚漢相爭時期，投靠了項羽。

劉邦為了削弱項羽的力量，命令韓信、張耳率兩萬精兵去攻打趙王歇的軍隊。趙王歇聽到消息之後，呵呵一笑，心想自己有項羽作靠山，又握有二十萬人馬，何懼韓信、張耳。

趙王歇親自率領二十萬大軍駐守井陘，準備迎敵。韓信、張耳的部隊也向井陘進發，他們在離井陘三十里處安營紮寨。兩軍對峙，一場大戰即將開始。

韓信分析了兩軍的兵力，敵軍人數比自己多十倍，硬拼攻城，恐怕不是敵方的對手，如果久拖不決，己方經不起消耗。經過反覆思考，他想出了一條妙計。

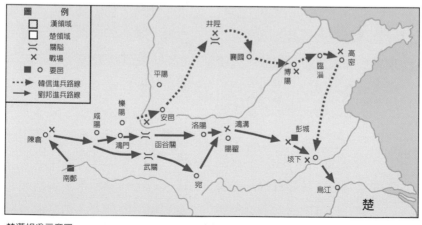

楚漢相爭示意圖

他召集將領們在營中部署：命一將領率兩千精兵到山谷樹林隱蔽之處埋伏起來，等到兩軍開戰後，自己軍隊會佯敗逃跑，趙軍肯定傾巢出動，在後追擊。這時，你們迅速殺入敵營，插上漢軍的軍旗。他又命令張耳率軍一萬，在綿延河東岸，擺下背水一戰的陣式。自己親率八千人馬正面佯攻。

第二天天剛亮，只聽見韓信營中戰鼓隆隆，韓信親率大軍向井陘殺來。趙軍主帥陳餘，早有準備，立即下令出擊。兩軍殺得昏天黑地。韓信早已部署好了，此時一聲令下，部隊立即佯裝敗退，並且故意遺留下大量的武器及軍用物資。陳餘見韓信戰敗，大笑道：「區區韓信，怎是我的對手！」他下令追擊，希望全殲韓信的部隊。

韓信帶著敗退的隊伍撤到綿延河邊，與張耳的部隊會合一處。韓信對士兵們進行動員：「前邊是滔滔河水，後面是幾十萬追擊的敵軍，我們已經沒有退路，只能背水一戰，擊潰追兵。」士兵們知道已無退路，個個奮勇爭先，要與趙軍拼個你死我活。

韓信、張耳突然率部眾殺了回來，完全出乎陳餘預料。他的部隊認為以多勝少，勝利在握，鬥志已不很旺盛，加上韓信故意在路上遺留了大量的軍用物資，士兵們你爭我奪，一片混亂。

銳不可當的漢軍奮勇衝進敵陣，只殺得趙軍丟盔棄甲，一片狼藉，真是「兵敗如山倒」。陳餘下令馬上收兵回營，準備休整之後，再與漢軍作戰。當他們退到自己大營前面時，只見大營那邊飛過無數箭來，射向趙軍。陳餘在慌亂中，才注意到營中已插遍漢軍軍旗。趙軍驚魂未定，營中漢軍已經衝殺出來，與韓信、張耳從兩邊夾擊趙軍。張耳一刀將陳餘斬於馬下，趙王歇也被

漢軍生擒，趙軍二十萬人馬全軍覆沒。

●鳳姐設套　尤二姐吞金

　　《紅樓夢》「苦尤娘賺入大觀園」一回中，王
熙鳳採用的就是此計。王熙鳳為了對付賈璉在外
偷偷娶的二房尤二姐，趁賈璉奉父命外出，甜言
蜜語將尤二姐騙到賈府，表面看來二人和美非
常，比親姐妹還親。賈璉事畢回來，賈赦見事情
辦得妥帖，十分高興，將自己的丫環秋桐賞給賈
璉為妾。鳳姐得
知，真是一波未
平，一波又起。
而秋桐是賈赦所
賜，連鳳姐都不
放在心上，豈能
容得下尤二姐，
於是張口便罵：
「先姦後娶沒漢
子要的娼婦，也
來要我的強。」
尤 二 姐 只 有 暗
愧 、 暗 怒 、 暗
氣，鳳姐聽了暗
樂。秋桐與賈璉
新婚燕爾，如膠
似漆，那賈璉也

紅樓群芳圖　清

惟秋桐一人之命是聽。

鳳姐雖恨秋桐，且喜借他先可發脫二姐，自己且抽頭，「坐山觀虎鬥」，等秋桐殺了尤二姐，自己再殺秋桐。主意已定，沒人處常又私勸秋桐說：「你年輕不知事。他現在是二房奶奶，你爺心坎兒上的人，我還讓他三分，你去硬碰他，豈不是自尋其死？」那秋桐聽了這話，越發惱了，天天大口亂罵說：「奶奶寬宏大量，我卻眼裡揉不下沙子去。讓我和他這淫婦做一回，他才知道。」鳳姐兒在屋裡，只裝不敢出聲兒。

氣得尤二姐飯也吃不下，把眼睛都哭腫了，在賈璉和賈母面前又不敢說。秋桐正是裝乖賣俏之時，就悄悄地對賈母王夫人等說：「專會作死，好好的成天家號喪，背地裡咒二奶奶和我早死了，他好和二爺一心一計的過。」如此一說，賈母便不大喜歡，眾人見賈母不喜，不免又往下踏踐起來，弄得這尤二姐要死不能，要生不得。

花爲腸肚雪作肌膚的尤二姐如何經得起這種折磨，不過受了一個月的暗氣，便懨懨得了一病，茶飯不進，漸漸黃瘦下去。更不幸的是請來的庸醫胡亂用藥，將已有三個月的男胎打了下來，把個想要兒子的賈璉急得亂跳。

鳳姐還叫人出去算命打卦，偏偏算命的又說是屬兔的陰人沖犯了二姐，大家算起來只有秋桐屬兔，就勸她：「你暫且去別處躲幾個月再來。」

秋桐本來見賈璉請醫治病，打人罵狗，爲尤二姐十分盡心，心中早浸了一缸醋在內了，如此一來，便走到二姐窗戶底下大哭大鬧大罵起來。

可憐的尤二姐如何嚥得下這份窩囊氣，當晚就吞金自盡了。

第二十九計

樹上開花

計名探源

　　樹上開花，是指樹上本來沒有開花，但可以用彩色的綢子剪成花朵黏在樹上，做得和真花一樣，不仔細去看，真假難辨。此計用在軍事上，指的是自己的力量比較小，卻可以借友軍勢力或借某種因素製造假象，使自己的陣營顯得強大，也就是說，在戰爭中要善於借助各種因素來為自己壯大聲勢。

　　無人不知張飛是一員猛將，但很少人知道他還是一個有勇有謀的大將。劉備起兵之初，與曹操交戰，多次失利。劉表死後，劉備在荊州，勢孤力弱。這時，曹操領兵南下，直達宛城。劉備慌忙率荊州軍民退守江陵。由於老百姓跟著撤退

｜原｜書｜解｜語｜

借局布勢，力小勢大❶。鴻漸於陸，其羽可用為儀也❷。

【解語注譯】

❶ 借局布勢，力小勢大：借助某種局面布成陣勢，兵力弱小但可使陣勢強大。

❷ 鴻漸于陸，其羽可用為儀：語出《易經》漸卦。漸卦為異卦相疊（艮下巽上）。上卦為巽為木，下卦為艮為山。卦象為木於山上不斷生長。漸，即漸進。本卦是說鴻雁飛到陸地上，牠的羽毛可用來編織舞具。

　　此計運用此理，是說弱小部隊藉著某種因素，改變外部形態後陣容顯得強大了。

張飛像
蜀漢大將張飛，雄壯孔武，膽略過人。史載他於當陽橋橫矛立馬，大吼一聲退萬軍，與關羽一起被稱爲「萬人之敵」。三國以後，經過《三國演義》的廣泛傳播，張飛成爲中國民間傳說中剛猛勇武者的象徵。

的人太多，所以撤退的速度非常慢。曹兵追到當陽，與劉備部隊打了一仗，劉備敗退，妻子和兒子都在亂軍中被沖散了。劉備只得狼狽敗退，令張飛斷後阻截追兵。

張飛只有二、三十個騎兵，怎敵得過曹操的大隊人馬？但張飛臨危不懼，臨陣不慌，頓時心生一計。他命令所率的二、三十名騎兵都到樹林子裡去，砍下樹枝，綁在馬後，然後騎馬在林中飛跑打轉。張飛一人騎著黑馬，橫持丈二長矛，威風凜凜地站在長阪坡的橋上。

追兵趕到，見張飛獨自騎馬橫矛站在橋上，好生奇怪，又看見橋東樹林裡塵土飛揚。追擊的曹兵馬上停止前進，以爲樹林之中定有伏兵。張飛只帶二、三十名騎

| 原 | 書 | 按 | 語 |

此樹本無花，而樹則可以有花，剪綵黏之，不細察者不易覺，使花與樹交相輝映，而成玲瓏全局也。此蓋布精兵於友軍之陣，完其勢以威敵也。

【按語闡釋】

用假花冒充眞花，取得亂眞的效果，前邊已做過分析。因爲戰場上情況複雜，瞬息萬變，指揮官很容易被假象所迷惑，所以，善於布置假情況，巧布迷魂陣，虛張聲勢，可以懾服甚至擊敗敵人。

此按語的最後一句，是將此計解釋爲：把自己的軍隊布置在盟軍陣邊，以造成強大聲勢懾服敵人。不過，古今戰爭史上，還沒有發現這方面的出色例子。

四川雲陽張飛廟

兵，阻止住了追擊的曹兵，讓劉備和荊州軍民順利撤退，靠的就是這「樹上開花」之計。

銅馬車 三國

用計例說

➔屢設巧計　田單破燕軍

戰國中期，著名軍事家樂毅率領燕國大軍攻打齊國，連下七十餘城，齊國只剩下莒和即墨這兩座城。樂毅乘勝追擊，圍困莒和即墨。齊國拼死抵抗，燕軍久攻不下。

這時，有人在燕王面前說：「樂毅不是燕國人，當然不會眞心爲了燕國，不然，兩座城怎麼會久攻不下呢？恐怕他是想自己當齊王吧！」燕昭王對樂毅並不懷疑。可是燕昭王去世後，繼位

樂毅像

的惠王馬上用自己的親信騎劫去取代樂毅。樂毅知道於己不利，只得逃回趙國老家。

齊國守將是非常有名的軍事家田單，他深知騎劫根本不是將才，雖然燕軍強大，只要計謀得當，一定可以擊敗他。

田單首先利用兩國的士兵都有的迷信心理，他要求齊國軍民每天飯前要拿食物到空地上祭祀祖先。這樣，成群的烏鴉、麻雀不斷前來爭食。城外燕軍從高處一看，覺得奇怪，原來聽說齊國有神師相助，現在真的連飛鳥都每天定時朝拜。弄得人心惶惶，非常害怕。

田單的第二手，是讓騎劫本人上當。田單派人放風，說樂毅過於仁慈，誰也不怕他。如果燕軍割下齊軍俘虜的鼻子，齊人肯定會嚇破膽。騎劫覺得有道理，果然下令割下俘虜的鼻子，挖了城外齊人的墳墓，這種殘暴的行為激起了齊國軍民的憤怒。

田單的第三手，是派人送信，大誇騎劫治軍

的才能，表示願意投降。一邊還派人裝成富戶，帶著財寶偷偷出城投降燕軍。騎劫確信齊國已無作戰能力了，只等田單開城投降！田單最絕的一招是，齊軍人數太少，即使進攻，也難取勝。於是他把城中的一千多頭牛集中起來，在牛角上綁上尖刀，給牛披上畫有五顏六色、稀奇古怪圖案的紅色衣服，在牛尾巴上綁一大把浸了油的麻葦。另外，選了五千名精壯士兵，穿上彩色花衣，臉上塗成五顏六色，手持兵器，命他們跟在牛後頭。

這天夜晚，田單命令把牛從新挖的城牆洞中放出，點燃麻葦，牛又驚又躁，直衝燕國軍營。燕軍根本沒有防備，再說這火牛陣勢誰也沒有見過，一個個嚇得魂飛天外，哪裡能夠還手？齊軍五千勇士接著衝殺進來，燕軍死傷無數。騎劫也在亂軍中被殺，燕軍一敗塗地。齊軍乘勝追擊，收復七十餘城，使齊國轉危為安。

田單可以算是善於運用各種因素來壯大自己聲勢的典範。

○春申君命喪李園之手

楚國考烈王沒有兒子，楚相春申君為此很擔憂。找了不少有生育能力的女子獻給楚王，也沒有生下一個兒子。

趙國人李園想把自己的妹妹獻給楚王，

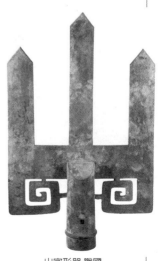

山字形器 戰國

可又擔心妹妹也因生不出兒子而失寵。因此設法
將他的妹妹留在春申君身邊，他們兩人同居，其
妹很快懷了孕。妹妹在哥哥李園的鼓動下，又去
說服春申君：「楚王很看重您，即使他的兄弟也
比不上。可是楚王沒有兒子，如果楚王百年之
後，肯定會讓他的兄弟繼位，如果新王繼位，您
很可能失寵，災禍就會落在您的頭上。我現在有
孕在身，別人都不知道。我跟您同居時間不長，
如果能夠借重您的地位把我獻給楚王，楚王一定
會和我同居。如果我生了個男孩，您的兒子就可
以繼承王位，整個楚國就會爲您所有，這與遭受
災禍相比，哪一種結果更好呢？」春申君同意了
這一計劃。

很快李園的妹妹進了宮，與楚王同居，果
眞生了一個男孩，男孩被立爲太子，她也被立
爲王后。李園從此飛黃騰達，不可一世，把知
道眞情的春申君視爲自己的眼中釘，準備殺掉
他以滅口。

有人向春申君建議早做準備，
以防不測。春申君則認爲李園不
可能對他下毒手，置之不理。

果然，楚王一死，李園先進宮，在宮裡安排
了刺客，當春申君匆匆趕來時，刺客將其刺死，
割下了他的頭。李園又派人把春申君滿門抄斬。

李園的妹妹所生之子成了楚幽王。

春申君像

第三十計

反客爲主

計名探源

　　反客爲主，用在軍事上，是指在戰爭中，要努力變被動爲主動，盡量想辦法鑽友軍的空子，插腳進去，控制他的首腦機關或者要害部門，抓住有利時機，兼併或者控制友軍。古人使用本計，往往是借援助盟軍的機會，自己先站穩腳跟，然後步步爲營，想方設法取而代之。

　　袁紹和韓馥，以前是一對盟友，當年曾經共同討伐過董卓。後來，袁紹勢力漸漸強大，總想不斷擴張。他屯兵河內，缺少糧草，十分犯愁。老友韓馥知道情況之後，主動派人送去糧草，幫袁紹解決了供應困難。

　　袁紹覺得等待別人送糧草，不能夠解決根本問題。他聽了謀士逢紀的勸告，決定奪取糧倉冀

| 原 | 書 | 解 | 語 |

乘隙插足，扼其主機❶，漸之進也❷。

【解語注譯】

❶ 乘隙插足，扼其主機：找準時機插足進去，掌握他的要害關節之處。

❷ 漸之進也：語出《易經》漸卦（解釋見P169）。本卦象辭：「漸之進也。」漸就是循序漸進的意思。

袁紹像

州。而當時的冀州牧正是老友韓馥，袁紹也顧不了許多了，馬上下手，實施他的錦囊妙計。

他首先給公孫瓚寫了一封信，建議與他一起攻打冀州。公孫瓚早就想找個藉口攻佔冀州，聽了這個建議，正中下懷。他立即下令，準備發兵。

| 原 | 書 | 按 | 語 |

為人驅使者為奴，為人尊處者為客，不能立足者為暫客，能立足者為久客，客久而不能主事者為賤客，能主事則可漸握機要，而為主矣。故反客為主之局：第一步須爭客位；第二步須乘隙；第三步須插足；第四步須握機；第五步乃成功。為主，則並人之軍矣；此漸進之陰謀也。如李淵書尊李密，密卒以敗（《隋書》卷七十〈李密傳〉）；漢高祖勢未敵項羽之先，卑事項羽，使其見信，而漸以侵其勢，至垓下一役，一舉亡之（《史記》卷八〈高祖本紀〉）。

【按語闡釋】

客有多種，暫客、久客、賤客，這些都還是真正的「客」，可是一到漸漸掌握了主人的機要之處，就已經反客為主了。按語中將這個過程分為五步：爭客位，乘隙，插足，握機，成功。概括地講，就是變被動為主動，把主動權慢慢掌握到自己的手中來。分成五步，強調循序漸進，不可急躁莽撞，洩露機密。用在軍事上，就要把別人的軍隊拿過來，控制指揮權。

按語稱此計為「漸進之陰謀」。既是「陰謀」，又必須「漸進」，才能奏效。李淵在奪得天下之前，寫信恭維李密，後來還是把李密消滅了。劉邦在兵力不能與項羽抗衡的時候，很尊敬項羽，鴻門宴上，以屈求伸，對項羽謙卑到了極點。後來他逐漸吞食項羽勢力，力量由弱變強，垓下一戰，終於將項羽逼死於烏江。

所以古人說，主客之勢常常發生變化，有的變客為主，有的變主為客。關鍵在於變被動為主動，爭取掌握主動權。

袁紹又暗地派人去見韓馥，說，公孫瓚
和袁紹聯合起來攻打冀州，冀州難以自保。
袁紹過去不是你的老朋友嗎？最近你不是還
給他送過糧草嗎？你何不聯合袁紹，對付公
孫瓚呢？讓袁紹進城，冀州不就保住了嗎？

　　韓馥只得邀請袁紹帶兵進入冀州。這位
請來的客人，表面上尊重韓馥，實際上也逐
漸將自己的部下一個一個像釘子一樣扎進了
冀州的要害部門。這時，韓馥清楚地知道，
他這個「主」已被「客」取而代之了。爲了
保全性命，他只得隻身逃出冀州。

東漢騎兵俑

用計例說

⮕ 聯回紇　郭子儀抗敵兵

　　唐朝有個叛將，名叫僕固懷恩。他煽動
吐蕃和回紇兩國聯合出兵，進犯中原。大兵
三十萬，一路連戰連捷，直逼涇陽城。涇陽
的守將是唐朝著名將軍郭子儀，他是奉命前
來平息叛亂的，這時他只有一萬餘名精兵。
面對漫山遍野的敵人，郭子儀知道形勢十分
嚴峻。

　　正在這時，僕固懷恩病死了。吐蕃和回
紇失去了中間聯繫和協調的人物。雙方都想
爭奪指揮權，衝突逐漸激化。兩軍各駐一
地，互不聯繫往來。吐蕃駐紮在東門外，回
紇駐紮在西門外。

骨鏃

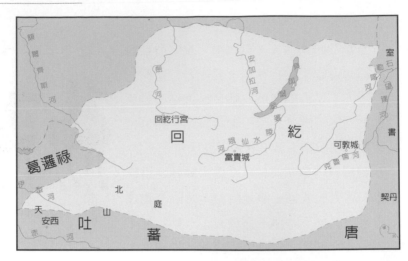

回紇疆域圖

　　郭子儀想：何不乘機分化這兩支軍隊呢？他
在安史之亂時，曾和回紇將領並肩作戰，對付安
祿山。這種老關係何不利用一下呢？他秘密派人
前往回紇營中轉達自己想與過去並肩作戰的老友
敘敘情誼的想法。

　　回紇都督藥葛羅，也是個重感情的人。聽說
郭子儀就在涇陽，十分高興。但是，他說：「除
非我們親眼見到郭老令公，才會相信。」

　　郭子儀聽到滙報，決定親赴回紇營中，會見
藥葛羅，將士們深怕回紇有詐，不讓郭子儀前
去。郭子儀說：「爲了國家，我早已把生死置之
度外！我去回紇營中，如果能談得成，這個仗就
打不起來了，天下從此太平，有什麼不好？」他
只帶少數隨從，到回紇軍營中去。

　　藥葛羅見郭子儀眞的來了，非常高興，設宴
招待郭子儀。酒酣時，郭子儀說道：「大唐、回
紇關係很好，回紇在平定安史之亂時立了大功，

郭子儀像

今天怎麼會和吐蕃聯合進犯大唐呢？吐蕃是想利
用你們與大唐作戰，他們好乘機得利。」

藥葛羅憤然說道：「老令公說得有理，我們
是被他們騙了！我們願意和大唐一起，攻打吐
蕃。」雙方馬上立誓結盟。

吐蕃得到報告，覺得形勢驟變，於己不利，
他們連夜準備，拔寨撤兵。郭子儀與回紇合兵追
擊，擊敗了吐蕃的十萬大軍。

⊃ 林教頭火拼王倫

《水滸傳》第十九回「林沖水寨大拼火，晁蓋
梁山小奪泊」正是反客為主的一個生動實例。

晁蓋、吳用等七位英雄好漢初投梁山泊時，
梁山泊寨主王倫待他們如賓客，故意為他們安排

林沖火拼王倫

客館歇息。王倫乃嫉賢妒能之人，生怕眾豪傑勢
力超過他。吳用看出這一點，擔心王倫不會收留
他們。吳用發現林沖對王倫的態度極為不滿，因
此設計促使林沖火拼王倫。

第二天聚會時，酒過數巡，王倫拿來重金，說自己糧少房稀，一窪之水，容不下許多真龍，請晁蓋等另謀出路。晁蓋便道：「小子久聞大王招賢納士，一逕地特來投托入夥，若是不能相容，我等眾人自行告退。」林沖見狀大喝起來：「前番我上山來時，你也推道糧少房稀，今日晁兄與眾豪傑到此山寨，你又發出這等言語來，是何道理？」吳用便說：「頭領息怒，自是我等來的不是，倒壞了你山寨情分。我等自去罷了。」林沖更是怒火中燒：「這是笑裡藏刀，言清行濁的人！我其實今日放他不過。」吳用又道：「只因我等上山相投，反壞了頭領面皮，只今辦了船隻，便當告退。」晁蓋等七人便起身要走。林沖氣極抽出一把刀來，吳用假意勸阻，其他豪傑也趁勢守住其他頭領，林沖拿住王倫大罵：「你這嫉賢妒能的賊，不殺了，要你何用！你無大量大才，也做不得山寨之主！」罵得性起，林沖順勢一刀刺進了王倫的心窩。

　　王倫既死，林沖提議立晁蓋為山寨之主。這樣，晁蓋等英雄好漢，從開始投奔山寨，被當做客人，到激發林沖的不滿情緒，促使林沖火拼王倫，最後控制了局勢。晁蓋又順勢坐上了第一把交椅，掌握了整個山寨。

敗戰計

第三十一計

美人計

計名探源

　　美人計，語出《六韜‧文伐》：「養其亂臣以迷之，進美女淫聲以惑之。」意思是，對於用軍事行動難以征服的敵方，要使用「糖衣炮彈」，先從思想意志上打敗敵方的將帥，使其內部喪失戰鬥力，然後再行攻取。就像本計正文所說的，對兵力強大的敵人，要制服他的將帥；對於足智多謀的將帥，要設法去腐蝕他。將帥鬥志衰

|原|書|解|語|

兵強者，攻其將；兵智者，伐其情❶。將弱兵頹，其勢自萎。利用御寇，順相保也❷。

【解語注譯】

❶ 兵強者，攻其將；兵智者，伐其情：句意爲對兵力強大的敵人，就攻擊他的將帥；對明智的敵人，就打擊他的情緒。

❷ 利用御寇，順相保也：語出《易經》漸卦（解釋見P169）。本卦九三象辭：「利御寇，順相保也。」說利於抵禦敵人，順利地保衛自己。

　　此計運用此象理，是說利用敵人自身的嚴重缺點，己方順勢以對，可使其自頹自損，己方一舉得之。

退，部隊肯定士氣消沈，就失去了作戰能力。利用多種手段，攻其弱點，己方就能得以保存實力，由弱變強。

前面曾講到春秋時吳越之戰，句踐先敗於夫差。吳王夫差罰句踐夫婦在吳王宮裡服勞役，藉以羞辱他。越王句踐在吳王夫差面前卑躬屈膝，百般逢迎，騙取了夫差的信任，終於被放回越國。後來越國趁火打劫，終於消滅了吳國，逼得夫差拔劍自刎。

那所趁之「火」是怎樣燒起來的呢？原來句踐成功地使用了「美人計」。

| 原 | 書 | 按 | 語 |

兵強將智，不可以敵，勢必事之。事之以土地，以增其勢，如六國之事秦，策之最下者也。事之以幣帛，以增其富，如宋之事遼金，策之下者也。惟事以美人，以佚其志，以弱其體，以增其下怨。如句踐以西施重寶取悅夫差（《左傳‧哀公十一年》），乃可轉敗為勝。

【按語闡釋】

勢力強大，將帥明智，這樣的敵人不能與他正面交鋒，在一個時期內，只得暫時向他屈服。這則按語把侍奉或討好強敵的方法分成三等。最下策是獻土地，因為勢必增強敵人的力量，像六國爭相以地事秦，並沒有什麼好結果。下策是用金錢珠寶、綾羅綢緞去討好敵人，這必然增加敵人的財富，像宋朝侍奉遼國、金國那樣，也不會有什麼成效。獨有用美人計才見成效，這樣可以消磨敵軍將帥的意志，削弱他的體質，並可以增加他的部隊的怨恨情緒。春秋時期，越王句踐敗於吳王夫差，使用美女西施和珠寶取悅夫差，讓他貪圖享受，喪失警惕，後來越國終於打敗了吳國。

現代戰爭中，甚至政治爭鬥中，也不乏使用美人計的例子。現代美人計多採用間諜的方式實施，利用金錢賄賂加美人誘惑，以圖達到不可告人的目的。對此不可喪失警惕。

西施像

　　句踐被釋回越國之後，臥薪嘗膽，不忘雪恥。吳國強大，靠武力，越國不能取勝。越大夫文種向越王獻上一計：「高飛之鳥，死於美食；深泉之魚，死於芳餌。要想復國雪恥，應投其所好，衰其鬥志，這樣，可置夫差於死地。」於是句踐挑選了兩名絕代佳人——西施、鄭旦，送給夫差，並年年向吳王進獻珍奇珠寶。夫差認為句踐已經臣服，所以一點也不懷疑。夫差整日與美人飲酒作樂，連大臣伍子胥的勸諫也聽不進去。後來，吳國進攻齊國，句踐還出兵幫助吳王伐齊，藉以表示忠心，以取信夫差。吳國勝利之後，句踐還親自到吳國祝賀。

　　夫差貪戀女色，一天比一天厲害，根本不想過問政事。伍子胥力諫無效，反被逼自盡。句踐看在眼裡，喜在心中。西元前482年，句踐乘夫差北上會盟之時，突出奇兵伐吳。西元前473年，吳國終於被越所滅，夫差也只能一死了之。

用計例說

➲ 貂蟬獻色　呂布董卓反目為仇

　　漢獻帝九歲登基，朝廷由董卓專權。董卓為人陰險，濫施殺戮，並有謀權篡位的野心。滿朝文武，對董卓又恨又怕。

司徒王允十分擔心，認為朝廷出了這樣一個奸賊，不除掉他，朝廷難保。但董卓勢力強大，正面攻擊，無人鬥得過他。董卓身旁有一義子，名叫呂布，驍勇異常，忠心保護著董卓。

王允觀察這「父子」二人，狼狽為奸，不可一世，但有一個共同的弱點：皆是好色之徒。何不用「美人計」，讓他們互相殘殺，以除奸賊？

王允府中有一歌女，名叫貂蟬。這歌女，不但色藝俱佳，而且深明大義。王允向貂蟬提出用美人計誅殺董卓的計劃。貂蟬為感激王允對自己的恩德，決心犧牲自己，為民除害。

在一次私人宴會上，王允主動提出將自己的「女兒」貂蟬許配給呂布。呂布見這一絕色美人，喜不自勝，十分感激王允。二人決定選擇吉日完婚。

第二天，王允又請董卓到家裡來，酒席筵間，要貂蟬獻舞。董卓一見，饞涎欲滴。王允說：「太師如果喜歡，我就把這個歌女奉送給太師。」老賊假意推讓一番，高興地把貂蟬帶回府中去了。

呂布知道之後大怒，當面斥責王允。王允編出一番巧言哄騙呂布。他說：「太師要看看自己的兒媳婦，我怎敢違命！太師說今天是良辰吉日，決定帶貂蟬回府去與將軍成親。」

呂布信以為真，等待董卓給他辦喜事。但過了幾天都沒有動靜，再一打聽，原來董卓已把貂

銅矛 春秋

蟬據爲己有。呂布一時也沒了主意。

一日董卓上朝，忽然不見身後的呂布，心生疑慮，馬上趕回府中。見到在後花園鳳儀亭內，呂布與貂蟬抱在一起，他頓時大怒，用戟朝呂布刺去。呂布用手一擋，沒被擊中。呂布怒氣沖沖離開太師府。原來，呂布與貂蟬私自約會，貂蟬按王允之計，挑撥他們父子的關係，大罵董卓拆散了他們。

王允見時機成熟，邀呂布到密室商議。王允大罵董賊強佔了女兒，奪去了將軍的妻子，實在可恨。呂布咬牙切齒地說：「要不是看我們是父子關係，我真想宰了他！」王允忙說：「將軍錯了，你姓呂，他姓董，算什麼父子？再說，他搶佔你的妻子，用戟刺殺你，哪裡還有什麼父子之情？」呂布說：「感謝司徒的提醒，不殺老賊誓不爲人！」

王允見呂布已下決心，他立即假傳聖旨，召董卓上朝受禪。董卓耀武揚威，進宮受禪。不料呂布突然一戟直穿老賊咽喉。奸賊已除，朝廷內外，人人拍手稱快。

貂蟬坐像

➲ 洪承疇難過美人關

清兵於崇禎十四年在錦州大破明軍，生俘明軍統帥洪承疇。洪承疇效忠明朝，絕食抵抗，誓死不降清廷。但最終還是歸降了，歸降原因沒有人知道。於是有好事者編出了下面的故事。

洪承疇的侍役金升向清太宗獻計，說洪承疇喜歡美人，如果用美人引誘，可能會使他屈服。太宗下令搜羅全國美女，送到洪承疇的面前，洪承疇依然不動心，他繼續絕食明志，坐等殉國。太宗無可奈何，只有回宮，長吁短歎之間，同皇后說到美色無法動搖洪承疇的事：「我想他是根本看不上我國的美女。」

皇后聽說洪承疇看不上本國的美色，別有一番受了刺激與傷害的滋味在心頭，立刻想要使出渾身招數試一試洪承疇，也試一試自己的本領。她嬌滴滴地依偎到太宗的懷裡，說：「為了國主與國家的利益，我不惜一切……」

太宗知道這是戴綠帽子的買賣，起初不願做。但回頭一想，為了盡早征服中原，也只能如此，況且，這事只有自己和皇后知道，也丟不了什麼面子。於是他就對皇后說，「小心點，別讓人知道了這種事。」

皇后著意打扮了一番，在黃昏的時候，潛出皇宮，溜到關押洪承疇的地方。見他正襟危坐，閉目養神，便嬌聲地問：「這位是洪將軍嗎？」

洪承疇睜開眼睛，見是一位女子，正色說：「誰叫你來的？有什麼事？出去！」言辭之中，怒氣沖沖。

皇后向洪承疇深深地行了一個禮，把事先準備好了的讚美之辭和盤托出，見洪將軍的怒氣息了許多，進一步說：「我雖弱小女子，也頗識大義，知大理，對將軍絕食明志、忠心殉國的英勇精神，無限欽佩。因此，小女子特來成

全將軍。」

「怎麼個成全法？」洪承疇已經被她的言語與身上的氣味弄得身不由己了。

「絕食是死，上吊是死，服毒也是死。將軍所求，不過是一死，怎麼死法，還計較什麼呢？我這裡帶來了一罐毒藥，喝下去，不出半個時辰，保准你死。」

「那好，好！難得女英雄前來相助，成全我殉國之志！」洪承疇說完，抱起藥罐，一飲而盡，坐著等死。

皇后接著說生、說死、說國、說家、說子女、說妻室，她問：「將軍為國殉節，離世之前，不思念家人嗎？」

「我在坐等一死，還有什麼要顧及呢？唉，只是可憐無定河邊骨，猶是深閨夢裡人！」

洪承疇一心等死，可是沒有感到死神的動靜，倒是覺得渾身血脈暢通，每一根神經都在擴張，末梢在膨脹，心在

突突地跳，牙齒在咯咯地響，而那女人的胴體香氣、嬌姿媚態，如風如浪地向他湧來。他感到一種火在身上燒，那是對渴望異性的火。

「我倆相遇，也算是緣分，將軍這一死，和家室永別，有什麼話要我帶給他們？」接著，皇后靠近洪承疇，拿手臂碰碰他。洪被撩撥得不由自主地抓過她的手臂，撫弄起來。女人半推半就，貼緊洪承疇。很快，兩人便墜入愛河。

洪承疇沒有死，第二天，由皇后帶著入朝參見清太宗了。

他服下的藥，並不是毒藥，而是皇宮的強力春藥。

第三十二計

空城計

計名探源

　　空城計，這是一種心理戰術。在己方無力守城的情況下，故意向敵人暴露我城內空虛，即所謂的「虛者虛之」。敵方產生懷疑，便會猶豫不前，即所謂的「疑中生疑」。敵人怕城內有埋伏，不敢陷進埋伏圈內。但這是「險策」。使用此計的關鍵，是要清楚地了解並掌握敵方將帥的心理狀況和性格特徵。諸葛亮使用空城計解圍，因為他充分地了解司馬懿謹慎多疑的性格特點，故而敢出此險策。諸葛亮的空城計名聞天下，其實，早在春秋時期就出現過利用空城計的出色戰例。

　　春秋時期，楚國的令尹（宰相）公子元，在他哥哥楚文王死了之後，非常想佔有漂亮的嫂子文夫人。他用各種方法去討好，文夫人卻無動於衷。於是他想建立功業，顯顯自己的能耐，以此討得文夫人的歡心。

　　西元前666年，公子元親率兵車六百乘，浩浩蕩蕩，攻打鄭國。楚國大軍一路連下幾城，直逼鄭國國都。鄭國國力較弱，都城內更是兵力空虛，無法抵擋楚軍的進犯。

　　鄭國危在旦夕，群臣慌亂，有的主張納款請和，有的主張決一死戰。這兩種主張都難解除危

圖例
▲ 代表西周時來國順序
▲ 代表春秋時來國順序
▲ 代表戰國時來國順序
● 代表楚人始封地丹陽
■ 代表楚國都城—郢都
　 代表地名

注 (1) 楚國在西周滅國一個，春秋滅國四十八個，戰國滅國十三個，總計滅國六十二個。
注 (2) 越國一說滅於公元前333年，一說滅於公元前306年。另有秦滅越之說。
注 (3) 今人對楚人始封地丹陽的地望，有六個說法，圖中分別列出這六個地方。
注 (4) 郢都先後多次遷徙，圖中所列的數字，代表其遷徙次序。其中郢陽（今安徽太和縣東北）僅《史記》嘗有記載。

楚滅諸國示意圖

局。上卿叔詹說：「請和與決戰都非上策。固守待援，倒是可取的方案。鄭國和齊國訂有盟約，而今有難，齊國會出兵相助。只是空談固守，恐怕也難守住。公子元伐鄭，實際上是想邀功圖名，討好文夫人。他一定急於求成，特別害怕失敗。我有一計，可退楚軍。」

　　鄭國按叔詹的計策，在城內做了安排。命令士兵全部埋伏起來，不讓敵人看見一兵一卒。令店鋪照常開門，百姓往來如常，不准露出一絲慌亂之色。然後大開城門，放下吊橋，擺出完全不設防的樣子。

　　楚軍先鋒到達鄭國都城城下，見此情景，心

人獸紋銅矛 春秋

裡起了懷疑，莫非城中有了埋伏，誘我中計？於是不敢妄動，等待公子元。公子元趕到城下，也覺得好生奇怪。他率眾將到城外高地探視，見城中確實空虛，但又隱隱約約看到了鄭國的旌旗甲士。公子元認為其中有詐，不可貿然進攻，決定先派人進城探聽虛實，暫時按兵不動。這時，齊國接到鄭國的求援信，已聯合魯、宋兩國發兵救鄭。公子元聞報，知道三國兵到，楚軍定不能勝。好在也打了幾個勝仗，還是趕快撤退為妙。他害怕撤退時鄭國軍隊會出城追擊，於是下令全軍連夜撤走，人銜枚、馬裹蹄，不出一點聲響。所有營寨都沒有拆，旌旗照舊飄揚。

第二天清晨，叔詹登城一望，說道：「楚軍

公子元像

| 原 | 書 | 解 | 語 |

虛者虛之，疑中生疑❶；剛柔之際❷，奇而復奇。

【解語注譯】

❶ 虛者虛之，疑中生疑：第一個「虛」為形容詞，意為空虛的，第二個「虛」為動詞，使動，意為讓它空虛。全句的意思是，空虛的就讓它空虛，使它在疑惑中更加令人疑惑。

❷ 剛柔之際：語出《易經》解卦。本卦為異卦相疊（坎下震上）。上卦為震為雷，下卦為坎為雨。雷雨交加，蕩滌宇內，萬象更新，萬物萌生，故卦名為解。解，險難解除，物情舒緩。本卦初六象辭：「剛柔之際，義無咎也。」意為使剛與柔相互交會方無災難。

此計運用此象理，是說敵我交會相戰，運用此計可產生奇而又奇的功效。

已經撤走。」眾人見敵營旌旗招展，不信敵人已經撤軍。叔詹說，如果營中有人，怎會有那樣多的飛鳥盤旋上下呢？

這就是中國歷史上首次使用空城計的戰例。

用計例說

⮕ 臨陣布疑　飛將軍巧脫虎口

西漢時期，北方匈奴勢力逐漸強大，不斷興兵進犯中原。飛將軍李廣任上郡太守，抵擋匈奴南進。

一天，皇帝派到上郡的宦官帶人外出打獵，遭到三個匈奴兵的襲擊，宦官受傷逃回。李廣大怒，親自率領一百名騎兵前去追擊。一直追了幾十里地，終於追上，殺了兩名，活捉一名，正準備回營時，忽然發現有數千名匈奴騎兵也向這裡開來。匈奴隊伍也發現了李廣，但看見李廣只有百名騎兵，以爲是爲大部隊誘敵的前鋒，不敢貿然攻擊，急忙上山擺開陣勢，觀察動靜。

| 原 | 書 | 按 | 語 |

虛虛實實，兵無常勢。虛而示虛，諸葛而後，不乏其人。

【按語闡釋】

虛虛實實，兵無常勢，變化無窮。在敵強我虛之時，當展開心理戰。一定要充分掌握對方主帥的心理和性格特徵，切切不可輕易出此險招。況且，此計多數情況下，只能當作緩兵之計，還得防止敵人捲土重來。所以還必須有實力與敵方對抗，要救危局，得憑眞正的實力。

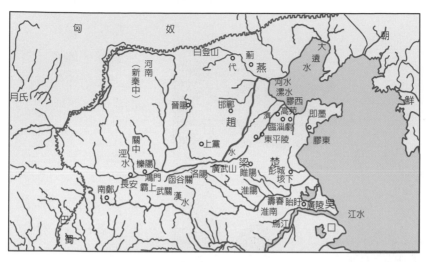

漢與匈奴對峙圖

　　李廣的騎兵非常恐慌，但他沈著地穩住隊伍：「我們只有百餘騎，離我們的大營有幾十里遠。如果我們逃跑，匈奴肯定會追殺我們。如果我們按兵不動，敵人肯定會疑心我們有大規模的行動，他們決不敢輕易進攻的。現在，我們繼續前進。」到距離敵陣僅二里地光景的地方，李廣下令：「全體下馬休息。」李廣的士兵卸下馬鞍，悠閒地躺在草地上休息，看著戰馬在一旁津津有味地吃草。

　　匈奴部將感到十分奇怪，派了一名軍官出陣觀察形勢。李廣立即上馬，衝殺過去，一箭射死了這個軍官。然後又回到原地，繼續休息。

　　匈奴部將見此情形，更加恐慌，料定李廣胸有成竹，附近定有伏兵。天黑

李廣像

鄭國故城遺址

以後，李廣的人馬仍無動靜。匈奴部將怕遭到大部隊的突襲，慌慌張張地逃跑了。

李廣的百餘騎安全返回大營。

⊙鄭人巧用空城計

春秋時，楚文王到息國巡狩，順手牽羊地奪了息侯的夫人息嬀，並帶回楚國，立為自己的夫人。息嬀是楚國第一美人，令很多人仰慕不已。楚文王死後，文王的弟弟、楚國的令尹公子元便開始打風韻不減當年的嫂嫂的主意，想據為己有。

公子元在息嬀寢宮的牆外興建館舍，日夜演唱靡靡之音，希望聲音傳到她的耳朵，挑動她的春心。息嬀並不喜歡這種玩樂的作風，她說，作為令尹的公子元，應該設法富民強國，遠播國威。

公子元知道了息嬀的話，便調集大軍浩浩蕩蕩地殺向鄭國，很快就直逼鄭京。

鄭國兵力遠不如楚國強大，強行迎擊，只會導致失敗，因此鄭文公與文武百官都有些惶恐不安。上卿叔詹主動請戰，說：「公子元進攻鄭

國，只是想盡快取得一些勝利，好討息媯歡喜，沒有深謀遠慮，我自有退兵之計。」

息媯像

叔詹下令軍隊埋伏城內，城門大開，告誡百姓不要慌張，和往常一樣自由往來。與此同時，叔詹又暗地裡遣使者到齊、宋、魯三國求援。

楚國的先鋒衝到城外，看見城門大開，街上人們往來如常，鎮靜自如，擔心有詭計，不敢貿然進城，便退離京城五里，安營紮寨，等待主力部隊到達。

公子元率大軍到達後，聽到城中情況，大吃一驚，隨即帶軍官們到高處觀察城內動向，只見刀槍林立，旗幟飄揚，不知鄭國在搞什麼名堂。

很快，公子元獲得消息，說三國部隊前來增援鄭國。如果三國部隊從背後攻擊，而鄭軍又出城迎擊，楚軍將受到夾擊，令慘遭失敗。公子元立即決定在三國軍隊到來之前，撤離鄭國領土。

公子元下令，三更造飯，四更啓程偷偷退出。因害怕鄭軍追擊，公子元又下令楚軍不要拆營帳，旗幡依舊，如此這般，楚軍便神不知鬼不覺地溜出了鄭國。

第二天，叔詹看到楚軍營地上飛鳥歇息，對眾將官說：「楚軍已撤，只留下空營一座。」

第三十三計

反間計

計名探源

　　反間計是指在疑陣中再布疑陣，使敵內部的人歸附於我，我方就可萬無一失。在戰爭中，雙方使用間諜，是十分常見的。《孫子兵法》就特別強調間諜的作用，認眾將帥打仗必須事先了解敵方的情況。要準確掌握敵方的情況，不可靠鬼神，不可靠經驗，「必取於人，知敵之情者也」。這裡的「人」，就是間諜。《孫子兵法》專門有一篇〈用間篇〉，指出有五種間諜。利用敵方鄉里的普通人作間諜，叫「因間」；收買敵方官吏作間諜，叫「內間」；收買或利用敵方派來的間諜為我所用，叫「反間」；故意製造和洩露假情況給敵方的間諜，叫「死間」；派人去敵方偵察，再回來報告情況，叫「生間」。唐代杜牧對反間計解釋得特別清楚，他說：「敵有間來窺我，我必先知之，或厚賂誘之，反為我用；或佯為不覺，示以為情而縱之，則敵人之間，反為我用也。」

　　三國時期，赤壁大戰前夕，周瑜巧用反間計殺了精通水戰的叛將蔡瑁、張允，就是個有名的例子。

　　曹操率領號稱的八十三萬大軍，準備渡過長江，佔據南方。當時，孫劉聯合抗曹，但兵力

三國時期戰艦模型

比曹軍要少得多。

　　曹操的隊伍都由北方士兵組成，善於馬戰，卻不善於水戰。正好有兩個精通水戰的降將蔡瑁、張允可以爲曹操訓練水軍。曹操把這兩個人當作寶貝，優待有加。一次東吳主帥周瑜見對岸曹軍在水中擺陣，井井有條，十分在行，心中大驚。他想一定要除掉這兩個心腹大患。曹操一貫愛才，他知道周瑜年輕有爲，是個軍事奇才，很想拉攏他。曹營謀士蔣幹自稱與周瑜曾是同窗好友，願意過江勸降。曹操當即讓蔣幹過江說服周瑜。

　　周瑜見蔣幹過江，一個反間計就已經醞釀成熟了。他熱情地款待蔣幹，酒筵上，周瑜讓眾將作陪，炫耀武力，並規定只敘友情，不談軍事，堵住了蔣幹的嘴巴。

　　周瑜佯裝大醉，約蔣幹同床共眠。蔣幹見周

| 原 | 書 | 解 | 語 |

疑中之疑❶。比之自內，不自失也❷。

【解語注譯】

❶ 疑中之疑：句意爲在疑陣之中再設疑陣。

❷ 比之自內，不自失也：語出《易經》比卦。比卦爲異卦相疊（坤下坎上）。本卦上卦爲坎爲水，下卦爲坤爲地，水附托於大地，大地容納著水，兩者相依相賴，故名「比」。比，親密相依。本卦六二象辭：「比之自內，不自失也。」

　　此計運用此象理，是說在布下重重的疑陣之後，能讓來自敵人內部的間諜歸順於我，我則可有效地保全自己。

瑜不讓他提及勸降之事，哪裡能夠入睡。他偷偷下床，見周瑜案上有一封信。他偷看了信，原來是蔡瑁、張允寫來的，約定與周瑜裡應外合，擊敗曹操。這時，周瑜說著夢話，翻了翻身子，嚇得蔣幹連忙上床。過了一會兒，忽然有人要見周瑜，周瑜起身和來人談話，還裝作故意看看蔣幹是否睡熟。蔣幹裝作沈睡的樣子，只聽周瑜他們在小聲談話，僅聽見提到蔡、張二人。於是蔣幹對蔡、張二人和周瑜裡應外合的計劃確認無疑。

曹操像

｜原｜書｜按｜語｜

間者，使敵自相疑忌也；反間者，因敵之間而間之也。如燕昭王薨，惠王自為太子時，不快於樂毅。田單乃縱反間曰：樂毅與燕王有隙，畏誅，欲連兵王齊，齊人未附。故且緩攻即墨，以待其事。齊人唯恐他將來，即墨殘矣。惠王聞之，即使騎劫代將，毅遂奔趙。又如周瑜利用曹操所間派諜，以間其將；陳平以金縱反間於楚軍，間范增，楚王疑而去之。亦疑中之疑之局也。

【按語闡釋】

按語舉了好幾個例子來證明反間計的成效。田單守即墨，想除掉燕將樂毅，用的是挑撥離間的手段，散布樂毅沒攻下即墨，是想在齊地稱王，現在齊人還未服從他，所以他暫緩攻打即墨。齊國怕的是燕國調換樂毅。燕王果然中計，以騎劫代替樂毅，樂毅只好逃到趙國去了。齊人大喜，田單以火牛陣大破燕軍。陳平也是用離間之計使項羽疏遠了軍師范增。

採用反間計的關鍵是「以假亂真」，造假要造得巧妙逼真，才能使敵人信以為真，作出錯誤的判斷，採取錯誤的行動。

他連夜趕回曹營，讓曹操看了周瑜偽造的信件，曹操頓時火起，殺了蔡瑁、張允。等曹操冷靜下來，才知中了周瑜的反間計，但也無可奈何了。

韓世忠像

用計例說

➔揚州移兵　韓世忠計惑金兵

南宋初期，高宗害怕金兵，不敢抵抗，朝中投降派得勢。而主戰的著名將領宗澤、岳飛、韓世忠等堅持抗擊金兵，使金兵不敢輕易南下。

西元1134年，韓世忠鎮守揚州。南宋朝廷派

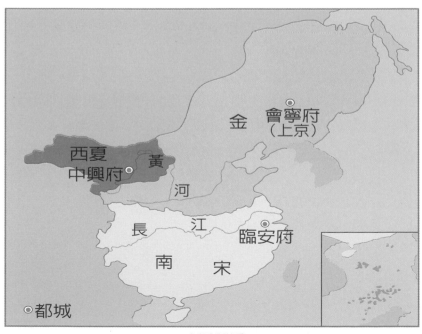

宋與金對峙圖

魏良臣、王繪等去金營議和。二人北上，需經過揚州。韓世忠心裡極不高興，生怕二人為討好敵人而洩露軍情。可他轉念一想，何不利用這兩個傢伙傳遞一些假情報呢？等二人經過揚州時，韓世忠故意派出一支部隊開出東門。二人忙問軍隊去向，回答說是開去防守江口的先頭部隊。二人進城，見到韓世忠。忽然一再有流星庚牌送到。韓世忠故意讓二人看，原來是朝廷催促韓世忠馬上移營守江。

第二天，二人離開揚州，前往金營。為了討好金軍大將聶呼貝勒，他們告訴他韓世忠接到朝廷命令，已率部移營守江。

金將送二人往金兀朮處談判，自己立即調兵遣將，以為韓世忠移營守江，揚州城內空虛，正好奪取。於是，聶呼貝勒親自率領精銳騎兵向揚州挺進。

韓世忠送走二人，急令「先頭部隊」返回，在距揚州北面大儀鎮（今江蘇儀征東北）二十多里處設下埋伏，形成包圍之勢，等待金兵。

金軍一到，韓世忠率少數兵士迎戰，邊戰邊退，把金兵引入伏擊圈。只聽一聲炮響，宋軍伏兵從四面殺出，金兵亂了陣腳，一敗塗地，先鋒被擒，主帥倉皇逃命。

金兀朮大怒，將送假情報的兩個投降派囚禁起來。

銅輨車 漢

➲將計就計　周瑜黃蓋誆曹操

　　官渡之戰後，曹操統一了北方，他乘勝揮戈南下，欲與東吳決一雌雄。決戰前夕，曹操深知北軍沒有打水戰的經驗，想到設謀用間，而東吳周瑜覺得敵強我弱，也想到設謀用間。

　　於是曹操派蔡中、蔡和去江東詐降。周瑜明知此二人是曹操的奸細，於是趁此機會將計就計。

　　周瑜收留了他們，並委任他們為前部。這時黃蓋願意受皮肉之苦，去曹營詐降。周瑜當著眾人的面與黃蓋發生爭執，將黃蓋打了一百軍棍。黃蓋於是派人去曹操處請降。曹操起初還不相信，這時二蔡送來了一信，報告黃蓋受刑的消息，曹操這才深信不疑。

　　曹操派來江東的蔡中、蔡和，被周瑜所利用，反過來詐了曹操。

周瑜像

第三十四計

苦肉計

計名探源

　　人們都不願意傷害自己，因此「傷害」有時被作為取信於人的代價。己方如果以假當真，敵方肯定信而不疑。這樣才能使苦肉之計得以成功。此計其實是一種特殊的離間計。運用此計，「自害」是真，「他害」是假，是以真亂假。己方要造成內部矛盾激化的假象，再派人裝作受到迫害的樣子，藉機鑽到敵人心臟中去進行間諜活動。

　　「周瑜打黃蓋——一個願打，一個願挨」，這已是人盡皆知的故事了。兩人事先商量好假戲真

青銅戈 春秋

| 原 | 書 | 解 | 語 |

　　人不自害，受害必真；假真真假，間以得行❶。童蒙之吉，順以巽也❷。

【解語注譯】

❶人不自害，受害必真；假真真假，間以得行：（正常情況下）人不會自我傷害，若他說受害則必然是真情；（利用這種常理）以假作真，以真作假，那麼離間計就可實行了。

❷童蒙之吉，順以巽也：語出《易經》蒙卦（解釋見P75）。本卦六五象辭：「童蒙之吉，順以巽也。」本意是說幼稚蒙昧之人之所以吉利，是因為柔順服從。

　　本計用此象理，是說採用這種辦法欺騙敵人，就是順應著他那柔弱的性情而達到目的。

做，自家人打自家人，最後
騙過曹操，詐降成功，火燒
了曹操八十三萬兵馬。

春秋時期也有一則苦肉
計。當時吳王闔閭殺了吳王
僚，奪得王位。他十分懼怕
吳王僚的兒子慶忌為父報
仇。慶忌正在衛國擴大勢
力，準備攻打吳國，奪取王
位。

闔閭整日提心吊膽，要
大臣伍子胥替他設法除掉慶
忌。伍子胥向闔閭推薦了一

春秋時期蘇州盤門
此城建於春秋吳王闔
閭元年

個智勇雙全的勇士，名叫要離。闔閭見要離矮小
瘦弱，說道：「慶忌人高馬大，勇力過人，如何
殺得了他？」要離說：「刺殺慶忌，要靠智不靠
力。只要能接近他，事情就好辦。」闔閭說：
「慶忌對吳國防範最嚴，怎麼能夠接近他呢？」要
離說：「只要大王砍斷我的右臂，殺掉我的妻
子，我就能取信於慶忌。」闔閭不肯答應。要離
說：「為國亡家，為主殘身，我心甘情願。」

吳都忽然流言四起：闔閭弒君篡位，是無道
昏君。吳王下令追查，原來流言是要離散布的。
闔閭下令捉了要離和他的妻子，要離當面大罵昏
君。闔閭假借追查同謀，未殺要離，只是斬斷了
他的右臂，把他夫妻二人關進監獄。

伍子胥像

幾天後，伍子胥讓獄卒放鬆看管，讓要離乘機逃出。闔閭聽說要離逃跑了，就殺了他的妻子。

這件事不僅傳遍吳國，連鄰近的國家也都知道了。要離逃到衛國，求見慶忌，要求慶忌為他報斷臂殺妻之仇，慶忌接納了他。

要離果然接近了慶忌，他勸說慶忌伐吳。要離成了慶忌的貼身親信。慶忌乘船向吳國進發，要離乘慶忌沒有防

｜原｜書｜按｜語｜

古人按語說：間者，使敵人相疑也；反間者，因敵人之疑，而實其疑也；苦肉計者，蓋假作自間以間人也。凡遣與己有隙者以誘敵人，約為響應，或約為共力者，皆苦肉計之類也。如：鄭武公伐胡而先以女妻胡君，並戮關其思（《韓非子‧說難》）；韓信下齊而酈生遭烹。

【按語闡釋】

間諜工作，是十分複雜而變化多端的。用間諜，使敵人互相猜忌；做反間諜，是利用敵人內部原來的矛盾，增加他們相互之間的猜忌；用苦肉計，是假裝自己去做敵人的間諜，而實際上是到敵方從事間諜活動。派遣同己方有仇恨的人去迷惑敵人，不管是作內應也好，或是協同作戰也好，都屬於苦肉計。

鄭國武公伐胡，竟先將自己的女兒許配給胡國的君主，並殺掉了主張伐胡的關其思，使胡不防鄭，最後鄭國舉兵攻胡，一舉殲滅了胡國。漢高祖派酈食其勸齊王降漢，使齊王沒有防備漢軍的進攻。韓信乘機果斷地起兵伐齊，齊王怒，煮死了酈食其。這類故事都讓我們看到，為了勝利，要花多大的代價！只有看似「違背常理」的自我犧牲，才容易達到欺騙敵人的目的。

備，從背後用矛盡力刺去，刺穿了其胸膛。慶
忌的衛士要捉拿要離。慶忌說：「敢殺我的
也是個勇士，放他走吧！」慶忌因失血
過多而死。

要離完成了刺殺慶忌的任務，
家毀身殘，也自刎而死。

岳飛像

用計例說
⟩岳飛大戰朱仙鎮

南宋時，金兵南侵，金兀朮與岳飛在朱仙鎮
擺開決戰的陣勢。金兀朮有一義子，名叫陸文
龍，這年十六歲，英武過人，是岳家軍的勁敵。
陸文龍本是宋朝潞安州節度使陸登的兒子，金兀
朮攻陷潞安州，陸登夫婦雙雙殉國。金兀朮將還
是嬰兒的陸文龍和其奶娘擄至金營，收為義子。
陸文龍對自己的身世完全不知。

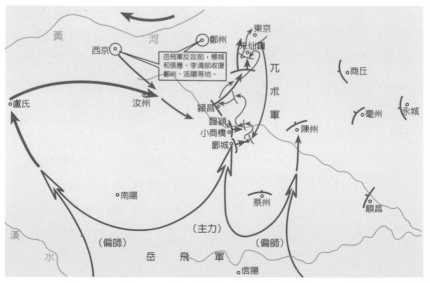

朱仙鎮大戰示意圖

黃蓋像

　　一日，岳飛正在思考破敵之策，忽見部將王佐進帳。岳飛看見王佐臉色蠟黃，右臂已被斬斷，正敷藥包紮著，大為驚奇，忙問發生了什麼事。原來王佐打算隻身到金營，策動陸文龍反金。為了讓金兀朮不懷疑，才採取斷臂之計。岳飛十分感激，淚如泉湧。

　　王佐連夜到金營，對金兀朮說道：「小臣王佐，本是楊麼的部下，官封車勝侯。楊麼失敗，我只得歸順岳飛。昨夜帳中議事時，小臣進言，金兵兩百萬，實難抵擋，不如議和。岳飛聽了大怒，命人斬斷我的右臂，並命我到金營通報，說岳家軍即日要來生擒狼主，踏平金營。臣要是不來，他又要斬斷我的左臂。因此，我只得哀求狼主。」

　　金兀朮同情他，叫他「苦人兒」，並把他留在營中。王佐利用能在金營自由行動的機會，接近陸文龍的奶娘，說服奶娘，一同向陸文龍講述了他的身世。文龍知道了自己的身世後，決心為父母報仇，誅殺金賊。王佐指點他不可造次，要伺機行動。

　　此時金兵運來一批大炮，準備深夜轟炸岳家軍營，幸虧陸文龍用箭書報了信，使岳軍免受損失。當晚，陸文龍、王佐、奶娘投奔宋營。王佐斷臂，終於使猛將陸文龍回到宋朝，後來他立下了不少戰功。

◑ 周瑜打黃蓋　兩廂情願

　　東漢末期，曹、吳兩方，一北一南，即將決戰於長江之上，但戰幕拉開之前，東

吳周瑜自感寡不敵眾，曹操則覺得北軍不諳水戰，於是兩人不約而同地想到用計。

於是曹操派蔡中、蔡和到江東詐降，周瑜收留了他們。周瑜暗中吩咐，此二人是曹操派來的奸細，得將計就計，便之爲我所用。夜時黃蓋來見周瑜，提出火攻曹軍方案，周瑜也正需一個人去曹營詐降、刺探軍情。黃蓋表示願受皮肉之苦，行詐降之計。

第二天，周瑜召來手下大將，下令作好準備，與曹打一場持久戰。黃蓋卻說，曹操人多勢眾，還不如投降了事。周瑜大怒，責罵黃蓋在兩軍對壘時說這番話，是「慢我軍心，挫我士氣」。於是下令斬首。眾將官跪下求饒：「黃蓋固然有罪當殺，但開戰在即，我方便斬大將，恐於軍不利，望都督且記下罪來，等到破曹

之後，斬他不遲。」

周瑜稍稍氣消，說他看在眾官面上暫免黃蓋一死，令打一百軍棍，以正其罪。眾官又來求饒，周瑜推翻桌子，喝退眾官，下令立即行刑。黃蓋被剝光了衣服，按在地上，打得皮開肉綻，鮮血直流，幾次昏厥，眾人無不落淚。

受盡皮肉之苦以後，黃蓋又派人去曹營見曹操，說自己身爲老臣卻無端受刑，想率眾歸降，以圖雪恥。曹操雖疑是周瑜的苦肉計，但遭到說客的一番奚落，又接到二蔡密信，報知黃蓋被打之事。曹操這才相信。黃蓋的苦肉計，頗爲有效地詐住了曹操，也讓曹操把寶押在黃蓋身上。

第三十五計

連環計

計名探源

連環計，指多計並用，計計相連，環環相扣，一計累敵，一計攻敵，任何強敵，攻無不克。此計正文的意思是如果敵方力量強大，就不要硬拼，而要用計使其產生失誤，藉以削弱敵方的戰鬥力。巧妙地運用謀略，就如有天神相助。

此計關鍵是要使敵人「自累」，就是指使敵人自己害自己，使其行動盲目。這樣，就為圍殲敵人創造了良好的條件。

赤壁大戰時，周瑜巧用反間計，讓曹操誤殺了熟悉水戰的蔡瑁、張允，讓龐統向曹操獻上鎖船之計，又用苦肉計讓黃蓋詐降。三計連環，打得曹操大敗而逃。

在「反間計」那一章裡，我們講了周瑜讓曹

陶船 三國
三國時期吳國航海業發達，造船技術高超。此為目前僅見的一艘東吳時期的船隻實物，對研究當時的造船技術具有重大的參考價值。

|原|書|解|語|

將多兵眾，不可以敵，使其自累，以殺其勢。在師中吉，承天寵也❶。

【解語注譯】

❶在師中吉，承天寵也：語出《易經》師卦（解釋見P149）。本卦九二象辭：「在師中吉，承天寵也。」是說主帥身在軍中指揮順利，因為得到上天的寵愛。

此計運用此象理，是說將帥巧妙地運用此計，克敵制勝，就如同有上天護佑一樣。

操誤殺蔡、張二將之事，曹操後悔莫及，更要命的是曹營再也沒有熟悉水戰的將領了。

東吳老將黃忠見曹操水寨船隻一個挨一個，又無得力之人指揮，建議周瑜用火攻曹軍。並主動提出，自己願去詐降，趁曹操不備，放火燒船。周瑜說：「此計甚好，只是將軍去詐降，曹賊定會生疑。」黃蓋說：「何不用苦肉計？」周瑜說：「那樣，將軍會吃大苦。」黃蓋說：「為了擊敗曹賊，我甘願受苦。」

第二日，周瑜與眾將在營中議事。黃蓋當眾頂撞周瑜，罵周瑜不識時務，並極力主張投降曹操。周瑜大怒，下令將黃蓋推出斬首。眾將苦苦求情：「老將軍功勞卓著，請免一死。」周瑜說：「死罪既免，活罪難逃。」命令重打一百軍棍，打得

黃蓋鮮血淋漓。

黃蓋私下派人送信給曹操，信中大罵周瑜，表示一定會尋找機會前來降曹。曹操派人打聽，黃蓋確實受刑，正在養傷。他將信將疑，於是，派蔣幹再次過江察看虛實。

周瑜這次見了蔣幹，指責他盜書逃跑，壞了東吳的大事。問他這次過江，又有什麼

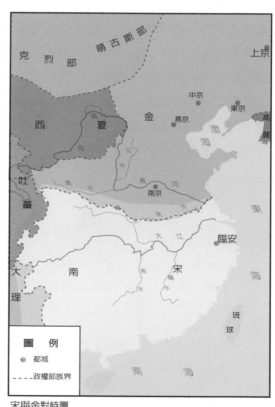

圖　例
◉　都城
- - - - 政權部族界

宋與金對峙圖

打算。周瑜說：「莫怪我不念舊情，先請你住到西山，等我大破曹軍之後再說。」把蔣幹給軟禁起來了。其實，周瑜想再次利用這個自作聰明的呆子，名為軟禁，實際上又在誘他上鉤。

一日，蔣幹在山間閒逛。忽然聽到從一間茅屋中傳出琅琅書聲。蔣幹進屋一看，見一隱士正在讀兵法，攀談之後，知道此人是名士龐統。他說，周瑜年輕自負，難以容人，所以隱居在山裡。蔣幹果然又自作聰明，勸龐統投奔曹操，誇耀曹操最重視人才，說先生此去，定得重用。龐統應允，並偷偷把蔣幹引到江邊僻

｜原｜書｜按｜語｜

龐統使曹操戰艦勾連，而後縱火焚之，使不得脫。則連環計者，其意在使敵自累，而後圖之。蓋一計累敵，一計攻敵，兩計扣用，以摧強勢也。如宋畢再遇嘗引敵與戰，且前且卻，至於數四。視日已晚，乃以香料煮黑豆，布地上。復前搏戰，佯敗走。敵乘勝追逐。其馬已饑，聞豆香乃就食，鞭之不前。遇率師反攻，遂大勝（《歷代名將用兵方略・宋》）。皆連環之計也。

【按語闡釋】

按語舉龐統和畢再遇兩個戰例，說明連環計是一計累敵，一計攻敵，兩計扣用。而關鍵在於使敵「自累」，要從更高層次上去理解這「使敵自累」幾個字。兩個以上的計策連用稱連環計，有時並不見得看重用計的數量，而要重視用計的質量。「使敵自累」之法，可以看作戰略上讓敵人背上包袱，使敵人自己牽制自己，讓敵人戰線拉長，兵力分散，為我軍集中兵力、各個擊破創造有利條件。這也是「連環計」在謀略思想上的反映。

古人還說：「大凡用計者，非一計之可孤行，必有數計以裏（輔助）之也。故善用兵者，行計務實施。運巧必防損，立謀應中變。」意思是說，用計重在有效果，一計不成，又出多計助之，行計應重實施，運作巧妙必定能防止損失，設謀要考慮不斷變化。

静處，坐一小船，悄悄駛向曹營。

蔣幹哪裡會想到又中周瑜一計！原來龐統早與周瑜謀劃好了，故意向曹操獻鎖船之計，讓周瑜火攻之計更顯神效。

曹操得了龐統，十分歡喜，言談之中，很佩服龐統的學問。他們巡視了各營寨，曹操請龐統提提意見。龐統說：「北方兵士不習水戰，在風浪中顛簸，肯定受不了，怎能與周瑜決戰？」曹操問：「先生有何妙計？」龐統說：「曹軍兵多船眾，數倍於東吳，不愁不勝。為了克服北方兵士的弱點，何不將船隻連起來，平平穩穩，如在陸地之上。」曹操果然依計而行，將士們都十分滿意。

黃蓋在快艦上載滿油、柴、硫、硝等引火物資，遮得嚴嚴實實。他們按事先與曹操聯繫的信號，插上青牙旗，飛速渡江詐降。這日刮起東南風，正是周瑜他們選定的好日子。曹營官兵，見是黃蓋投降的船隻，並不防備。忽然間，黃蓋的船上火勢熊熊，直衝曹營。風助火勢，火乘風威，曹營水寨的大船一個連著一個，想分也分不開，一齊著火，越燒越旺。周瑜早已準備好快船，駛向曹營，殺得曹操一敗塗地。曹操本人倉皇逃奔，撿了一條性命。

用計例說
➲ 真真假假 畢再遇退金兵

戰場形式複雜多變，對敵作戰時，使用計謀是每個優秀領導者的本領。而雙方指揮員都是有經驗的老手，單用一計，往往容易被對方識破。而一計套一計，計計連環，作用就會大得多。

宋代將領畢再遇就曾經運用連環計，打過很漂亮的仗。他分析金人強悍，騎兵尤其勇猛，如果對面交戰往往造成己方重大傷亡。所以他用兵

畢再遇像

主張抓住敵人的重大弱點，設法箝制敵人，尋找良好的戰績。

一次又與金兵遭遇，他命令部隊不得與敵正面交鋒，而採取游擊流動戰術。敵人前進，他就令隊伍後撤，等敵人剛剛安頓下來，他又下令出擊，等金兵全力反擊時，他又率隊伍跑得無影無蹤。就這樣，進進退退，打打停停，把金兵搞得疲憊不堪。金兵想打又打不著，想擺脫又擺不脫。

到夜晚，金兵人困馬乏，正準備回營休息。畢再遇準備了許多香料煮好的黑豆，偷偷地先灑在陣地上。然後，又突然襲出金軍。金軍無奈，只得盡力反擊。畢再遇的部隊與金軍沒戰幾時，又全部撤退。金軍氣憤至極，乘勝追擊。誰知，金軍的戰馬一天來東跑西追，又餓又渴，聞到地上有香噴噴的味道，用嘴一探，知道是可以填飽肚子的糧食。戰馬一口口只顧搶著吃豆子，任你用鞭抽打，也不肯前進一步。金軍趕不動戰馬，在黑夜中，一時沒了主意，顯得十分混亂。

畢再遇這時調集全部隊伍，從四面包圍過來，殺得金軍人仰馬翻，屍橫遍野。

●虛虛實實　諸葛亮借東風

赤壁之戰前，黃蓋用苦肉計詐降曹操，曹操心中有疑，就又派蔣幹去東吳探聽虛實。周瑜使反間計利用蔣幹把早向周瑜獻上破曹「連環計」的龐統帶入曹營。這時曹操正為軍中北方人不服水土、暈船嘔吐而犯愁，見到龐統便請教計策。龐統趁機獻上連環計：

「若將船三十一排,或五十一排,首尾用鐵環連鎖,上鋪闊板,別說人可渡,馬也可渡了。乘這樣的船,還怕什麼風浪顛簸?」曹操果然照辦,他看到所有的船連在一起,穩如平地,非常高興。謀士程昱進言說:「船皆連鎖,穩是穩了,就怕遭火攻。」曹操說:「凡用火攻,必憑藉風力。我軍居於西北,敵軍皆在南岸,現隆冬之際,只有西北風,敵軍若用火,不是自己燒自己嗎?」

赤壁之戰舊址,今湖北蒲圻。

諸葛亮測得氣象,告訴周瑜,近日內會有東南風,讓周瑜加緊作火攻準備。三天後,果然東南風驟起,周瑜叫黃蓋去詐降曹操,黃蓋用二十條火船偽作糧船,開到曹操水寨。曹操不知是計,正要接應黃蓋,只見黃蓋一聲令下,二十隻船一齊點火,乘著風勢,直衝曹營水寨。曹軍船隻因鐵環扣住,無法掙脫,東吳戰船趁機登岸,殺了過來。曹軍被

諸葛亮祭東風的七星壇遺址

燒死的、被殺死的、溺死的不計其數,曹操只帶了二三十名騎兵逃走。

第三十六計

走爲上計

計名探源

　　走爲上計，指在敵我力量懸殊的不利形勢下，採取有計劃的主動撤退，避開強敵，尋找戰機，以退爲進。這在謀略中也應是上策。

　　這句話出自《南齊書・王敬則傳》：「檀公三十六策，走爲上計。」其實，中國戰爭史上，早就有「走爲上計」運用得十分精彩的例子。

　　春秋初期，楚國日益強盛，楚將子玉率師攻晉。楚國還脅迫陳、蔡、鄭、許四個小國出兵，配合楚軍作戰。此時晉文公剛攻下依附於楚國的曹國，深知晉楚之戰不可避免。

　　子玉率部浩浩蕩蕩向曹國進發，晉文公聞訊，分析了形勢。他對這次戰爭的勝敗沒有把握，楚強晉弱，其勢洶洶，他決定暫時後退，避

動物飾戰斧 春秋

|原|書|解|語|

全師避敵❶。左次無咎，未失常也❷。

【解語注譯】

❶全師避敵：全軍退卻，避開強敵。

❷左次無咎，未失常也：語出《易經》師卦。本卦六四象辭：
「左次無咎，未失常也。」是說軍隊在左邊紮營，沒有危險（即指避開強敵），這並沒有違背行軍常道。

　　此計運用此理，乃說這種以退爲進的指揮方法，是符合正常用兵法則的。

其鋒芒。於是對外假意說道：「當年我被迫逃亡，楚國先君對我以禮相待。我曾與他有約定，將來如我返回晉國，願意兩國修好。如果迫不得已，兩國交兵，我定先退避三舍。現在，子玉伐我，我當履行諾言，先退三舍（古時一舍爲三十里）。」

他率軍撤退九十里，既臨黃河，又靠著太行山，相信足以禦敵。他又事先派人前往秦國和齊國求助。

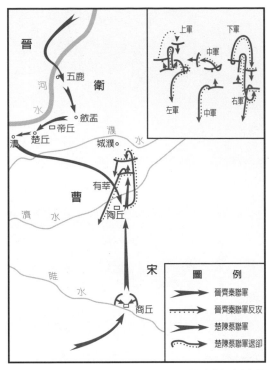

晉楚城濮之戰示意圖

子玉率部追到城濮，晉文公早已嚴陣以待。晉文公已探知楚國左、中、右三軍，以右軍最爲薄弱。右軍前頭爲陳、蔡士兵，他們本是被脅迫而來，並無鬥志。子玉命令左右軍先進，中軍繼之。楚右軍直撲晉軍，晉軍忽然撤退，陳、蔡軍的將官以爲晉軍懼怕，想要逃跑，就緊追不捨。忽然晉軍中殺出一支軍隊，駕車的馬都蒙著老虎皮。陳、蔡軍的戰馬以爲是眞虎，嚇得胡蹦亂跳，轉頭就跑，騎兵哪裡控制得住。楚右軍大敗。晉文公派士兵假扮陳、蔡軍士，向子玉報

捷：「右師已勝，元帥趕快進兵。」子玉登車一望，晉軍後方煙塵蔽天，他大笑道：「晉軍不堪一擊。」其實，這是晉軍的誘敵之計，他們在馬身後綁上樹枝，並使之來往奔跑，故意弄得煙塵蔽日，製造假象。子玉急命左軍並力前進。晉軍上軍故意打著帥旗往後撤退。楚左軍又陷於晉軍伏擊圈內，遭到殲滅。等子玉率中軍趕到，晉軍三軍合力，已把子玉團團圍住。子玉這才發現，右軍、左軍都已被殲，自己已陷重圍，於是急令突圍。雖然他在猛將成大心的護衛下，保住性

| 原 | 書 | 按 | 語 |

敵勢全勝，我不能戰，則必降，必和，必走。降則全敗，和則半敗，走則未敗。未敗者，勝之轉機也。如宋畢再遇與金人對壘，度金兵至者日眾，難與爭鋒。一夕拔營去，留旗幟於營，縛生羊懸之，置其前二足於鼓上，羊不堪懸，則足擊鼓有聲。金人不覺為空營。相持數日，乃覺，欲追之，則已遠矣（《戰略考・南宋》）。可謂善走者矣！

【按語闡釋】

　　敵方已佔優勢，我方不能戰勝他，為了避免與敵人決戰，只有三條出路：投降，講和，撤退。三者相比，投降是徹底失敗，講和也是一半失敗，而撤退不算失敗。撤退，可以轉敗為勝。當然，撤退決不是消極逃跑，撤退的目的是避免與敵軍主力決戰。主動撤退還可以誘敵，調動敵人，製造有利的戰機。總之，退是為了進。

　　何時走，怎樣走，這就要隨機應變，此中的學問很大。按語中講的畢再遇用縛羊擊鼓蒙蔽金人、從容撤走的故事，就顯示出畢再遇運用「走為上計」的高超本領。

命，但部隊傷亡慘重，只得悻悻回國。

　　這個故事中晉文公的幾次撤退，都不是消極逃跑，而是主動退卻，尋找或製造戰機。所以，有時「走」是上策。

用計例說

⊃ 楚莊王滅庸國

　　城濮大戰之前，楚國不斷吞併周圍小國，從而日益強盛。

　　楚莊王為了擴張勢力，發兵攻打庸國。由於庸國奮力抵抗，楚軍一時難以取勝。庸國在一次戰鬥中還俘虜了楚將楊窗，但由於庸國疏於看守，三天後，楊窗竟從庸國逃了回來。楊窗報告了庸國的情況，說道：「庸國人人奮戰，如果我們不調集主力大軍，恐怕難以取勝。」

　　楚將師叔建議用佯裝敗退之計好欺騙庸軍。於是師叔帶兵進攻，開戰不久，楚軍佯裝難以招架，敗下陣來，向後撤退。像這樣一連幾次，楚軍節節敗退。庸軍七戰七捷，不由得驕傲起來，不把楚國放在眼裡，於是軍心麻痹，鬥志漸漸鬆懈，慢慢放鬆了戒備。

　　這時，楚莊王率領增援部隊趕來，師叔說：「我軍已七次佯裝敗退，庸軍已十分驕傲，現在正是發動總攻的大好時機。」楚莊王下令兵分兩路進攻庸國。庸國將士正陶醉在勝利之中，怎麼也不會想到楚軍突然殺回，倉促應戰，

鏤空刻字矛 春秋

楚莊王像

戰車復原圖 春秋
春秋是戰車盛行的時代，戰車是軍隊的核心。隨著戰場和戰爭規模的擴大及軍事戰術的提高，各種多功能的、實戰性強的戰車被發明出來。同時，與之相配套的專門武器也應運而生。

抵擋不住。楚軍一舉消滅了庸國。

師叔七次佯裝敗退，是為了製造戰機，一舉殲敵。

➲ 周瑜心胸狹窄　諸葛亮妙算避禍

漢末，吳魏在赤壁即將開戰，東吳周瑜打算火攻曹操，曹操中了龐統的連環計，將戰船連在一起。曹操知道：要用火攻，必須借風力，但正值隆冬之際，只有西北風，東吳若用火，只會燒著自己，因而曹操十分得意。

周瑜率將領於高處觀察敵情，因見刮起了西北風，口吐鮮血，一病不起。周瑜設計用火攻，卻忽略了風向的作用。西北風一起，預示著周瑜火攻的計劃完全破滅。

諸葛亮來探病，指出周瑜病因，是因為「萬事俱備，只欠東風」，並告訴他可以幫他借到東

軍士俑 漢

風。兩人商定了時間,諸葛亮設壇請風。

這天夜裡,天色晴朗,微風不作,將近三更時分,東南風驟起,周瑜愕然自語:「此人有奪天地造化之能,鬼神不測之術。若留此人,是東吳之禍根!」於是吩咐手下二將:「各帶一百人,速去祭壇前,休問長短,拿住諸葛亮便行斬首,拿首級來請功。」二人得命,火速前往。

待二位將軍趕到祭壇時,諸葛亮已經上了船離開東吳。二將大叫:「軍師不要走,周都督有請!」諸葛亮立於船頭大笑道:「告訴都督,好好用兵,諸葛亮暫回夏口,異日再容相見。」並說:「我已料都督不能容我,必來加害,預先教子龍來接我,將軍不必追趕!」二將還要追趕。趙雲拈弓搭箭,大叫道:「我乃常山趙子龍,奉命來接軍師。休怪我一箭把你射死,使兩家失了和氣,今且叫你知我利害!」說完,一箭射去,將敵將船上的篷索射斷。篷落下來,那船便橫在江心。

趙雲即令自己船上拽起滿帆,乘順風而去。

國家圖書館出版品預行編目資料

第一次學三十六計／張弓主編；
—— 初版. ——臺中市：好讀，2005[民94]
面： 公分，——（經典智慧;46）

ISBN-10 957-455-829-0（平裝）
ISBN-13 978-957-455-829-2（平裝）

592.09   94003358

好讀出版

經典智慧46

第一次學三十六計

編者／張弓
總編輯／鄧茵茵
文字編輯／陳淑惠
美術編輯／賴怡君
台中市407西屯區何厝里19鄰大有街13號
TEL:04-23157795　FAX:04-23144188
http://howdo.morningstar.com.tw
（如對本書編輯或內容有意見，請來電或上網告訴我們）
法律顧問／甘龍強律師
印製／知文企業（股）公司 TEL:04-23581803

總經銷／知己圖書股份有限公司
http://www.morningstar.com.tw
e-mail:service@morningstar.com.tw
郵政劃撥：15060393 知己圖書股份有限公司
台北公司：台北市106羅斯福路二段95號4樓之3
TEL:02-23672044　FAX:02-23635741
台中公司：台中市407工業區30路1號
TEL:04-23595820　FAX:04-23597123
（如有破損或裝訂錯誤，請寄回知己圖書台中公司更換）

初版／西元2005年5月15日
初版三刷／西元2006年11月10日
定價：320元　特價：199元

Published by How Do Publishing Co., Ltd.
2005 Printed in Taiwan
ISBN-10 957-455-829-0
ISBN-13 978-957-455-829-2

廣告回函

臺灣中區郵政管理局

登記證第3877號

免貼郵票

好讀出版有限公司　編輯部收

407 台中市西屯區何厝里大有街13號

電話：04-23157795-6　傳眞：04-23144188

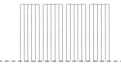

———————————— 沿虛線對折 ————————————

購買好讀出版書籍的方法：

一、 先請你上晨星網路書店 http://www.morningstar.com.tw 檢索書目或
直接在網上購買

二、 以郵政劃撥購書：帳號15060393 戶名：知己圖書股份有限公司
並在通信欄中註明你想買的書名與數量。

三、 大量訂購者可直接以客服專線洽詢，有專人為您服務：
客服專線：04-23595819轉230 傳眞：04-23597123

四、 客服信箱：service@morningstar.com.tw